黄河國家治理文獻集成（民國卷）第三册
《黄河國家治理文獻集成》編委會　編

總第六十七册

豫河志

（二）

吴篔孫　編
董杰　編

内蒙古出版集團
内蒙古人民出版社

圖書在版編目（CIP）數據

豫河志．二 / 吴篔孫，董杰編．-- 呼和浩特 ：內蒙古人民出版社，2025. 8. --（黄河國家治理文獻集成）. -- ISBN 978-7-204-18456-9

Ⅰ．TV882.1

中國國家版本館 CIP 數據核字第 2025R5W303 號

豫河志（二）

吴篔孫　編

編　　者　董　杰
策劃編輯　王　瑶
責任編輯　羅　婧
裝幀設計　劉那日蘇　吉　雅　安立新
責任監印　包鐵柱
出版發行　內蒙古出版集團　內蒙古人民出版社
地　　址　呼和浩特市新城區中山東路 8 號波士名人國際 B 座 5 層
網　　址　http：//www.impph.cn
印　　刷　內蒙古愛信達教育印務有限責任公司
開　　本　880mm × 1230mm　1/16
印　　張　16.25
字　　數　250 千
版　　次　2025 年 8 月第 1 版
印　　次　2025 年 8 月第 1 次印刷
印　　數　1—1000 冊
書　　號　ISBN 978-7-204-18456-9
定　　價　140.00 元

如出現印裝質量問題，請與我社聯繫。聯繫電話：（0471）3946120

編纂委員會

引　言

千古河流成沃野，幾年沙勢自風湍。

得益于黄河冲積所帶來的疏松土質和有機物，中華先民利用石製工具開始了農業生産，并逐步發展出旱地粟作農業，『能够最大程度保障食物供給的穩定性，奠定了中華文明起源和形成的堅實基礎』〔一〕。而利用河水灌溉，提高區域可預測農業産量，『在産業史上起着最有决定性的作用』〔二〕。隨後，技術進步、經濟發展、人口增加，讓先民的文化生活大爲豐富。嚴文明先生評價道：『這是一場影響深遠的革命。』〔三〕在這場革命中，平衡水、沙、産、人四者之間的關係，始終是黄河治理的核心問題。四者關係一旦失衡，就容易引發諸多灾患。

歷史上，黄河下游因人口稠密、經濟發達，一直是學術界關注的重點。但自河源至今内蒙古托克托縣河口鎮的黄河上、中游區域，雖遠離王畿，人口稀疏，却也一直備受關注，人們逐步認識到黄河全流域治理是國家的重要任務。《漢書》載：『堤防之作，近起戰國，雍防百川，各以自利。』〔四〕没有全流域的協同治理，僅靠各地分段築堤，則黄河河患無法解决。秦建立了中國歷史上第一個中央集權大一統王朝，秦始皇東巡碣石，刻石銘記『决通川防，夷去險阻』〔五〕，開啓中央政府調動各要素治黄之先河，這『在中國，實質上是國家的一種職能』〔六〕。同時，國家通過對黄河的有效治理，爲沿黄流域人民群衆乃至其他地區人民群衆提供了重要的公共物品和産業支撑，成爲人民群衆眼中中央政府的功過評價指標之一。因此，治黄在增强沿黄各族群國家、政治、文化認同的基礎上，强化了中國大一統國家的合法性，成爲歷代國家治理能力的一個重要測度。

一、黄河治理維護了國家的社會穩定

從秦并六國到漢朝建立大一統國家，中國統一的多民族國家形成并得到初步發展。當時中央政府對所轄疆域有『北邊郡』和『内郡』之稱。内蒙古額濟納旗出土的居延漢簡有載，『猳（豭）田以鐵器爲本北邊郡毋鐵官印器内郡令郡以時博賣予細民毋令豪富吏民得多取販賣細民』，可以看出北邊郡是與内郡相對應的行政管轄區域。《史記》卷二十八『封禪書第六』載：『上乃遂去，並（并）海上，北至碣石，巡自遼西，歷北邊至九原。』〔七〕。《史記》卷三十『平準書第八』載：『天子北至朔方，東到太山，巡海上，並（并）北邊以歸。』〔八〕司馬遷多次提及北邊，足見統治者對北邊治理的重視。

漢武帝時，齊人延年提出從今内蒙古引黄河水經今北京一帶，向東注入渤海，以衛北部邊疆。『是時方事匈奴，興功利，言便宜者甚衆。齊人延年上書言：「河出昆侖，經中國，注勃海，是其地勢西北高而東南下也。可案圖書，觀地形，令水工準高下，開大河上領，出之胡中，東注之海。如此，關東長無水災（灾），北邊不憂匈奴，可以省隄（堤）防備塞，士卒轉輸，胡寇侵盜（盗），覆軍殺將，暴骨原野之患。天下常備匈奴而不憂百越者，以其水絶壤斷也。此功壹（一）成，萬世大利。」』[九]《史記》卷二十四『樂書第二』載：『天馬來兮從西極，經萬里兮歸有德。承靈威兮降外國，涉流沙兮四夷服。』[十]如今，包頭地區出土了『四夷盡服』瓦當，出土文物與傳世文獻的呼應，成爲黄河治理維護祖國北部邊疆穩定的見證。

《史記》卷三十『平準書第八』載：『嚴助、朱買臣等招來東甌，事兩越，江淮之閒（間）蕭然煩費矣。唐蒙、司馬相如開路西南夷，鑿山通道千餘里，以廣巴蜀，巴蜀之民罷焉。彭吴（吳）賈滅朝鮮，置滄海之郡，則燕齊之閒（間）靡然發動。及王恢設謀馬邑，匈奴絶和親，侵擾北邊，兵連而不解，天下苦其勞，而干戈日滋。』[十一]清代《汾陽縣志》卷十三『藝文』收録曹學閔《開修黄蘆嶺車路紀德政碑記》，上載：『永寧州，界連西陲，北達邊外歸綏諸路，商賈遠貿粟麥，泛皮船隨黄流南下，聚于州西磧口，一府之民仰利賴焉。而東至太原，南抵平陽，州縣凡二十餘，亦視汾爲槖籥，蓋所繫非特一方生計矣。』[十二]民國時期，東北淪陷後，開發西北刻不容緩，而『黄河中游之水利，自應加以擴充及整理，藉（借）收桑榆之效，以挽狂瀾於（于）萬一』[十三]。

因黄河流域自然條件優越，歷朝歷代都十分重視對此地的開發，通過强有力的國家干預方式推動各類産業的發展，爲中國北部疆域的形成和社會穩定奠定了基礎。

二、民族交往、物資交流、技術轉移促成黄河治理共同體

《史記》卷十五『六國年表第三』載：秦始皇三十三年（前214），『築長城河上，蒙恬將三十萬』〔十四〕。這數十萬人中，擁有一技之長的人員不在少數。由此，邊地人口不斷增多，而豐富的物産則促進了商品交流與統一市場的形成。西漢《鹽鐵論·力耕第二》記録了『异物内流』的情形：『是以贏（騾）驢馲駞（駝），銜尾入塞，驒騱騵馬，盡爲我畜，鼲鼦狐貉，采旃文罽，充於（于）内府，而璧玉珊瑚瑠（琉）璃，咸爲國之寶。』〔十五〕此後，黄河北岸的『贏（騾）驢馲駞（駝）』『驒騱騵馬』『鼲鼦狐貉』『采旃文罽』與西南織錦、中原麻織、農作物等物資相互交流，逐步形成統一的國内大市場，加强了邊疆與其他地區的經濟聯繫，促進了邊疆特色産業的發展。

隨着民族交往交流交融的增强，清代以降，黄河流域内蒙古段輸入到内地的也不僅僅是『异寶』了。《綏遠通志稿·水路》載：『自乾隆以還。口外墾殖日廣。民殷物阜。出境之油、糧、鹽、鹼（碱）、甘草各貨。入境之日用雜貨。山西與歸綏往來之商運。凡經河路者皆以托屬河口爲唯一之碼頭。』〔十六〕從清乾隆年間到民國時期，由内蒙古經黄河運到山西的貨物有糧、油、鹽、碱、藥材、皮毛等，其中以糧油爲最大宗。糧食品種主要有糜黍、穀子、高粱、豆類及玉米、大小麥

等，油料主要是胡麻。内蒙古供貨支綫有從阿拉善盟阿拉善左旗吉蘭泰鹽池到山西呂梁市磧口鎮的運鹽駝路，五原縣、臨河區一帶各大幹渠的運糧水道，杭錦旗、達拉特旗的甘草馱運綫，鄂托克旗的運鹼駝路。内蒙古段各條支綫以供貨爲主，山西段若干支綫以運銷爲主。

《臨縣志》載：『清朝乾隆至民國年間，陝、甘、綏、蒙等地的物資，通過此航綫運達磧口，再用牲口馱運到離石、吴城，轉運至東路（汾、平、介、孝等縣）。據民國 20 年（1931）統計，每年從綏遠磴口航至磧口的貨船不下 4000 餘艘』，『是陝、甘、綏、寧與晋西北物資集散之重鎮』。[十七]可見，内蒙古在甘肅、寧夏與陝西、山西等沿黄上下游物資交易中起到了重要的聯結作用；同時也吸引了山西、陝北、河北、山東、甘肅等地的農民遷移至此，并將開渠打壩、引水澆地等農業生産技術、手工技術和商業貿易經營方式帶到這裏。他們在此扎根，除了從事農業生産外，還挖甘草、下窑背炭、在黄河上拉船、在沙漠中拉駱駝、打短工放冬羊、開碾磨油坊，等等。不同地域、不同民族的人們合力修築河渠、引水興業，逐漸形成休戚與共的共同體。其間積纍的産品交易、商業管理、社會治理等方面的經驗，在今天依然有借鑒意義。

清代『首重治河，探河源以窮水患』[十八]，但更深層次的考量是『宣揚大一統及增强國家認同』[十九]。黄河流域人口基數大、分布廣，而全流域治理理念將不同地區、不同民族的人們凝聚成命運共同體，而『大一統』理念正是這一治理實踐的核心主題。

三、黄河流域拓展了中國的發展空間

早期統治者因巡幸及邊防建設所需，統籌管理沿黄河運與秦直道等沿黄馬道，維持着中央政府對北邊的有效治理。河套平原引黄渠道的建設爲秦漢王朝屯田事業提供了基本的水利保證，并將這些區域變成防禦北部邊患的大後方與根據地。于是，沿黄馬道、沿黄河運與萬里茶道、草原絲路等陸路運輸聯通起來，促進了中華文明與其他文明的交流互鑒，拓展了新的發展空間。

新中國成立之後，沿黄各族兒女在中國共産黨的領導下團結合作、艱苦奮鬥，實現了大河安瀾。黄河流域建立起行之有效的防洪抗汛機制，支撑着沿岸的産業發展，改善了周邊生態環境。當代治黄史證明，正是由于中國共産黨的正確領導以及集中力量辦大事的制度優勢，纔從根本上減輕了河患的威脅。進入新時代，黄河流域在築牢安瀾根基的同時，以蓬勃活力拓展着中國的發展空間。沿黄九省區在協同發展中不斷釋放潛力，讓黄河流域成爲國家區域協調發展戰略中不可或缺的重要一極，爲中國的發展源源不斷地注入新動能。

綜上所述，黄河流域的治理不是單純的河道治理、生態環境治理或社會治理，而是一種關涉水、沙、産、人四者關係的系統性、協同性治理，是推動國家可持續發展的動力，也是厘清國家治理與邊疆治理兩者動態交互實際效果的絶佳視角。而黄河工程等『中國本土理論資源、學術積釁』[二十]，有助于研究國家治理的演進歷程。進入新時代，黄河治理與國家治理的關係研究不斷開闢新視角、持續涌現新成果，其中鑄牢中華民族共同體意識、邊疆治理與黄河流域生態保護和高質量發展成爲非常重要的研究視角。因此，基于這一角度搜集整理黄河國家治理文獻，意義重大。《黄河國家治理文獻集成》，應運而生。

本叢書系統梳理了黄河治理的歷史脉絡與經驗，既爲新時代黄河流域生態保護和高質量發展提供了歷史鏡鑒，更以文獻爲載體，傳承了治理智慧、凝聚了民族力量，是服務國家發展戰略、鑄牢中華民族共同體意識的重要學術實踐。

《黄河國家治理文獻集成》編委會

二〇二五年一月

〔一〕韓建業：《中華文明的起源和形成》，載《中華民族共同體研究》2022年第4期，第80–91+172頁。

〔二〕中共中央馬克思恩格斯列寧斯大林著作編譯局：《馬克思恩格斯選集》第二卷，人民出版社，2014年，第240頁。

〔三〕嚴文明：《黄河流域文明的發祥與發展》，載《華夏考古》1997年第1期，第49–54+113頁。

〔四〕（漢）班固：《漢書》卷二十九『溝洫志第九』，中華書局，1964年，第1692頁。

〔五〕（漢）司馬遷：《史記》卷六『秦始皇本紀第六』，中華書局，1963年，第252頁。

〔六〕冀朝鼎：《中國歷史上的基本經濟區與水利事業的發展》，朱詩鰲譯，中國社會科學出版社，1981年，第7頁。

〔七〕（漢）司馬遷：《史記》卷二十八『封禪書第六』，中華書局，1963年，第1398-1399頁。

〔八〕（漢）司馬遷：《史記》卷三十『平準書第八』，中華書局，1963年，第1441頁。

〔九〕（漢）班固：《漢書》卷二十九『溝洫志第九』，中華書局，1964年，第1686頁。

〔十〕（漢）司馬遷：《史記》卷二十四『樂書第二』，中華書局，1963年，第1178頁。

〔十一〕（漢）司馬遷：《史記》卷三十『平準書第八』，中華書局，1963年，第1420-1421頁。

〔十二〕（清）方家駒修，（清）王文員纂：《汾陽縣志》卷十三『藝文』，清光緒十年刻本，第57-58頁。

〔十三〕王華棠、劉錫彤、吴樹德：《黃河中游調查報告》，華北水利委員會編印，1934年，第1頁。

〔十四〕（漢）司馬遷：《史記》卷十五『六國年表第三』，中華書局，1963年，第758頁。

〔十五〕王利器：《鹽鐵論校注》，中華書局，1992年，第28頁。

〔十六〕綏遠通志館：《綏遠通志稿》第十冊，内蒙古人民出版社，2007年，第176頁。

〔十七〕臨縣志編纂委員會：《臨縣志》，海潮出版社，1994年，第273、321頁。

〔十八〕趙爾巽等：《清史稿》卷一二六『河渠一』，中華書局，1977年，第3715頁。

〔十九〕劉惠：《乾隆朝重構黃河河源的實踐與國家認同》，載《清華大學學報》（哲學社會科學版）2018年2期，第147-154+195頁。

〔二十〕許耀桐：《當代中國『治理』概念的演進探析》，載《國家現代化建設研究》2023年3期，第100-111頁。

出版前言

黄河，中華民族的母親河，她不僅孕育了中華文明，更見證了中華民族數千年的發展歷程。習近平總書記深刻指出：『從某種意義上講，中華民族治理黄河的歷史也是一部治國史。』這一重要論述，爲新時代黄河文化的保護傳承以及流域治理提供了根本遵循，也深刻揭示了黄河治理在國家發展和民族復興進程中的核心地位。在學習貫徹習近平新時代中國特色社會主義思想，積極響應國家黄河流域生態保護和高質量發展重大戰略，大力推進北疆文化建設的背景下，《黄河國家治理文獻集成》的編纂出版，具有重要的歷史意義、學術價值與現實指導意義。

黄河治理，自古以來就是國家的頭等大事。從遠古時期大禹治水，到當代運用科學技術進行系統治理，中華民族在數千年的時間裏，積纍了豐富的治河經驗，留下了浩如烟海的文獻遺産。《黄河國家治理文獻集成》收録了元代至民國時期古籍、朱批奏摺、期刊圖片等多模態文獻資源。這些文獻内容豐富、維度多元，既包含記載河工技術、治理方略等的專書，又有漢文朱批奏摺、工程檔案以及不同區域的調查研究報告等。民國時期的文獻則標志着現代水利科學開始融入黄河治理，展現了我國水利事業在時代變革中的創新與發展。近代照片的收録則以更加直觀的方式將黄河治理、黄河沿岸的風貌呈現給讀者。

該文獻的出版，不僅是對瀕危黄河文化遺産的及時搶救與保護，更是對我國水利史、國家治理史、邊疆治理研究學術鏈條的重要補充，具有較高的文獻價值和學術意義。尤爲重要的是，這一集成工作，深度契合鑄牢中華民族共同體意識這一全黨全國各族人民的共同任務。各民族在治理黄河的歷史進程中，緊密協作、共同探索，這些珍貴文獻便是各民族交往交流交融和中華文明認同的生動見證。對這些文獻進行整理出版，能够讓各族人民更加深刻地認識到，在歷史長河中，各民族共同爲黄河治理貢獻了力量，共同守護了家園，從而進一步增强對中華民族共同體的認同感與歸屬感，夯實鑄牢中華民族共同體意識的歷史根基。

《黄河國家治理文獻集成》以『國家治理』爲核心綫索，構建起一個全面、系統、多維的文獻體系：在時間跨度上，聚焦從元代至民國這一傳統治河向現代水利轉型的歷史時期，爲深入研究我國水利事業的發展脉絡提供了清晰的時間坐標；在内容分類上，細緻劃分爲技術專著、工程檔案、區域研究、朱批奏摺、科學報告、圖片等類别，涵蓋黄河治理的各個方面，從不同角度展現了我國在黄河治理上的探索與實踐；在版本選擇上，秉持嚴謹、科學的態度，確保文獻内容的準確性與代表性，爲學術研究奠定堅實基礎。

在編纂過程中，叢書特别注重『全流域治理』的理念，不僅收録了有關下游防洪治河的重要文獻，還涵蓋了中游地區水土保持以及上游地區灌溉開發等方面的珍貴記載。這種對黄河全流域治理的全方位關注，與當前『共同抓好大保護，協同推進大治理』的要求高度契合，充分體現了叢書在傳承歷史文化遺産的同時，緊密服務于當代國家發展戰略的時代價值。

在出版過程中，嚴格保持原書的版式與行款，最大程度地還原文獻原貌。對于部分出現黴變、殘缺的頁面，運用先進的數字化修復技術進行精心處理，在保留原始批注與印章痕迹的基礎上，兼顧了文物的真實性與文獻的可讀性。

此外，爲了更好地服務讀者，方便學術研究，本叢書新增了目録、提要等内容，這些新增部分由編委會精心撰寫。新增目録一般編製二級，個别圖書編製三級；原書有目録而内文無對應標題的，根據原書目録照録；原書目録爲關鍵詞或者其他情況的不編製目録；原書目録與内文不一致的，以原書内文爲準；原書無目録的，按卷端、版心或其他部分輯録；一册書中收録多種圖書的，以書名爲一級標題，編製二或三級。在文字使用上，統一使用現代漢語規範繁體字，對于原版文獻中的异體字、避諱字也使用現代規範繁體字，無對應規範繁體字的保留原字。

《黄河國家治理文獻集成》的出版，是對黄河文化遺産的一次系統性、搶救性保護，具有重大而深遠的現實意義：從學術價值層面來看，叢書成功構建起一座連接傳統與現代治黄文獻的橋梁，爲黄河流域生態保護、水利工程史、國家治理史、邊疆治理、中華民族共同體學等多個領域的學

從文化價值角度而言，術研究提供了豐富、翔實的基礎文獻，有力推動了相關學科的發展與創新；從文化價值角度而言，生動展現了北疆文化與黄河文化在歷史長河中的交融共生，爲内蒙古『北疆文化』品牌建設提供了堅實的文獻支撑，進一步豐富了中華文化的内涵與外延；從實踐價值方面考量，書中所藴含的治河理念爲我們在新時代背景下實現人與自然和諧共生、推動黄河流域可持續發展提供了寶貴的歷史經驗與智慧啓示。

在此，我們要衷心感謝各藏書機構的大力支持，正是他們提供了珍貴底本資源，纔使得本叢書的編纂出版成爲可能。同時，我們也要向文化遺産智能應用服務中華民族共同體建設『英才興蒙』團隊致以崇高的敬意，他們歷經五年的辛勤耕耘，以嚴謹的治學態度和專業的學術素養，對文獻進行了系統的整理和輯録，爲叢書的内容質量提供了堅實保障。此外，我們還要特别感謝内蒙古自治區黨委宣傳部、内蒙古出版集團將本叢書納入『北疆文庫』重點項目，并在出版過程中給予全方位支持與幫助。

我們衷心期待，這套凝聚着無數心血與智慧的《黄河國家治理文獻集成》，能够在新時代的『黄河大合唱』中奏響歷史的强音，爲黄河流域生態保護和高質量發展注入强大的歷史動力，讓黄河文化在保護中傳承，在傳承中創新，在創新中不斷發展，綻放出更加絢爛的光彩。同時，希望這套叢書能够成爲促進各民族文化交流、鑄牢中華民族共同體意識的重要載體，助力各民族更加緊密地團結在一起，共同爲實現中華民族偉大復興的中國夢而努力奮鬥，讓中華民族共同體意識在黄河文化的滋養下，扎根于每一位中華兒女的心中，成爲推動中華民族不斷前進的强大精神力量。

提　要

《豫河志》于1923年出版，是河南省境内黄河（及沁河）水利工程的首部專志，由吴筼孫主編。吴筼孫，河南固始人，生卒年不詳。

全書共28卷，涵蓋圖、源流、工程、經費、祀典、職官、雜記等七大板塊，約29萬字。在源流部分，本書主要徵引了《禹貢》等史籍，其餘部分則以斷代形式記述了從清順治元年（1644）至宣統三年（1911）的豫河史料，開創了以省為單位撰修河志的先河。儘管《豫河志》未涉及地下水文、生態影響等現代議題，但它為後續研究提供了寶貴的數據基礎。本次出版采用的是1923年鉛印本。

目録

光緒十三年八月武陟縣屬小楊村沁河漫決一百四十餘丈

光緒十三年八月河東河道總督成孚奏稱竊臣前將節交白露各廳水勢廂工情形並以兩岸工用不敷援案奏請添款辦理在案詎拜摺後即據陝州續報萬錦灘黃河於七月二十六八月初七初十等日統計三次共長水一丈一尺五寸並據黃沁廳呈報武陟沁河於八月初二初七等日接續陡長水一丈一尺七寸前長未消後水踵至兼以陰雨浹旬添波助溜拍岸盈隄各廳水勢頻報陡長奇險環生兩岸各工尤以南岸上中兩廳爲最多查上南廳工程始於滎澤壩將軍廟等處全河側注汕刷不移當將各該工磚石壩二道埽卸殆盡迤下各埽因之紛紛蟄塌上下彙願已有應接不遑之勢又値風雨交加辦理更形棘手當經督飭該道廳等併力分投搶護廂辦十數晝夜方始漸有轉機詎於初八日長水陡落一尺二寸河勢忽又更變圈灣下卸至鄭州汛八九十十一等堡各埽前節節圈臥巨浪掀騰勢若排山倒峽搜根淘底迅利非常立將各埽朽底掣動初九初十兩日脫胎及陡蟄入水之埽共計四十餘段之多甚有塌及隄身之處寬長不一居

河南印刷局印

民爲避運料不前目覩情形殊深焦灼中河廳河勢始由頭二三四五堡各埽前一帶上下趨刷各埽壩埽本已蟄抛不已初八日長水稍落全河堆注四五等堡順隄各埽前河聲如吼猛力搜淘致將四堡頭埽後匯下首石垛埽卸五堡順隄頭埽至九埽同時墩蟄入水隄身連坯匯塌長百餘丈寬一丈五六尺至六七尺不等該兩工所塌之埽工片段既長單隄一綫情勢危險同在呼吸目擊情形不寒而慄當經親督該道廳等調集兵夫無分風雨晝夜分投撤手搶護無如埽則隨蟄隨墊石則屢抛屢塌本工物料計將用罄即飭轉運鄰汛所存物料並借用滎澤民埝磚石一面飛飭沿河各州縣催料分運兩工並籌備現錢放價購辦一面分別咨調總兵將東才率領勇丁一千餘名副將裴政李家昌率領練軍一百數十名均已星夜來工派令分赴兩廳搶同力作以期羣策羣力轉危爲安仰紓聖廑

光緒十三年八月河東河道總督覺羅成孚奏稱竊臣昨以上中兩廳猝生鉅險當將籌備搶辦情形恭摺馳奏後查南岸上南廳屬河勢自滎澤壩圈灣下卸尤以鄭州下汛十堡爲頂溜最要之區該工內塘外河隄工本係沙鬆埽壩林立工段更屬綿長無此猛溜

趲刷時急事迫實有搶護不遑之勢當經嚴督道廳督委汛弁調集綠軍兵夫料土兼施磚石並進晝以繼夜冒雨冲風不稍遺餘力與水爭命竊幸夫工料物均經籌備裕如無虞缺乏業經擇要搶廂埽工一面幫助後戧大局稍可支持詎於十四日尚未黎明正在搶護間該堡迤西無工之處隄身走漏過水即用氈絮鐵鍋等物堵塞嚴閉上首又復走漏趕緊如前嚴塞乃隄身雖尚寬厚忽漸灶蟄水乘風勢浪湧如山登時擡高數尺水由隄頂漫過當刷寬口門三四十丈幸尚未掣動全溜半多仍走中泓歸入正河當失險之際固由事起倉卒風狂浪激人力難施究屬辦理不善咎無可辭所有此案疏防上南同知余潢上南營守備王炘鄭州州判余家蘭鄭州下汛千總陳景山署鄭州下汛額外外委郭俊備均請旨一併革職俟堵築完竣照例辦理並經臣已將該廳營汛員弁先行摘去頂戴撤任聽參一面遴委接署以專責成其兼理河務之署開歸道李正榮請旨交部議處並應參之地方府州查取職名循案核題臣督率無方萬分惶愧惟有仰求交部照例懲治以昭儆戒至此次漫口附近居民均見事機危急先經遷移高阜尚未損傷人口業經捐施賑錢先爲撫卹其較遠村莊有無損傷以及水經之處被災之區商同撫臣飭

查明確再行妥籌辦理彼時溜仍湍急南北兩岸工程並中河三四堡等仍多險要謀當嚴飭該道等妥慎修防不容稍涉疏懈一面督率道廳搶先估築口門東西裹頭俾免續塌一俟水落歸槽即當殫竭愚忱勉力籌堵以期稍贖前愆

光緒十三年八月諭成孚奏南岸鄭州下汛十堡河水漫溢請將文武員弁懲處並自請懲處一摺在工員弁疏於防護實屬咎無可辭該河督請一併革職尚屬過輕上南同知余潢上南營守備王炘鄭州州判余嘉蘭署鄭州下汛千總陳景山署鄭州下汛額外外委郭俊儒均著即行革職枷號河干以示懲儆署開歸陳許道李正榮著摘去頂戴交部議處成孚督辦河防是其專職乃未能先事預防亦難辭咎著摘去頂戴革職留任仍督率在工員弁趕集物料設法搶辦務期迅速蕆功並先行盤築裹頭以免再行坍卸至該處漫口據稱附近居民先經遷移高阜尚未損傷人口業經得捐撫恤其較遠村莊及漫水經行被淹之處著即會同倪文蔚查明具奏一面將災黎迅飭賑撫毋任流離失所是爲至要

光緒十三年八月河東河道總督成孚河南巡撫倪文蔚奏鄭下汛十堡漫口大溜全掣

正河下游斷流口門刷寬三百餘丈深一丈七尺溜分三股直趨東南下游已奪淮入海

光緒十三年九月諭前山西布政使紹諴降調浙江按察使陳寶箴前山東按察使潘駿文均著發往河南隨同成孚倪文蔚辦理河工事宜即著廂黃旗滿洲都統兩廣總督山東巡撫飭令該員迅速赴工毋稍遲誤

光緒十三年九月諭河南鄭州黃河決口前經諭令薛允升就近馳赴工次確查具奏著添派李鴻藻即行馳驛前往該省會同薛允升將現辦大工一切情形詳細查明迅速覆奏

光緒十三年九月諭李鶴年著署理河東河道總督會同倪文蔚籌辦大工事宜即行前赴署任毋庸請訓成孚獲咎甚重現値堵築加緊之際未便令其置身事外著留工効力以觀後效

光緒十三年九月河南巡撫倪文蔚奏稱查明黃河漫溢水由鄭州東北兩鄉東姚等堡流入中牟縣市王莊出境被水者一百一二十村莊中牟縣城被水圍繞漫水所及三百餘村莊由中牟而入祥符縣境大溜趨向朱仙鎮南之閻店及西南之趙店正南之腰舖

東南之西市等堡水趨尉氏圍繞縣城由正北歇馬營折向正東直趨扶溝縣境計長一百餘里城垣四面皆水漫水及於鄢陵縣之鄔村等處共淹浸四十餘村莊其通許之吳臺邸閣等處數十村莊亦有漫水深至七八尺不等而太康縣境水由崔橋至長營挾河出槽直趨東南入於鹿邑縣境其西華縣惟沙河以南二十餘村莊不受水害西華與淮寧商水兩縣接壤之周家口北寨爲淮寧地面亦被水淹淮寧縣境水由柳林集會賈魯河大沙河之水散漫靡常致淹一千五百數十村莊南流入於項城縣由李村等牌流赴沈邱縣紙店等處遂從槐店出境至歸德府屬鹿邑一縣亦經黃水漫及由西南四塚集等處流入渦河黃溝河東流入於安徽太和縣境蓋鄭工漫口奪溜橫行就地平舖溜分三道灌入賈魯河東過朱仙鎮西南經尉氏又東會渦河南注周家口經扶溝西華商水淮寧項城沈邱各縣入於淮河合流至皖北東趨洪澤是其大端也其泛濫旁及開封府屬之鄢陵杞縣通許陳州府屬之太康歸德府屬之鹿邑各縣水深三四尺及六七尺不等

光緒十三年九月河南巡撫倪文蔚奏稱臣伏思堵口未合以前籌辦賑撫爲日方長徧觀粥廠流民露宿風餐情殊可憫然其中老弱婦女尚可一飽無求彼精壯男丁歸耕無

期險挑一處日久必生他志一經匪徒煽惑即恐滋生事端故欲設法安置莫若以工代賑現在挑築殘隄開挖引河均須僱募民夫迨至大工興辦需夫更多與其臨時號召散夫何如招此長夫各歸棚頭督率便於稽查臣現擬招募精壯災民在距工次百里以內者先挑二千五六百人編以營制俾以工作名之曰工賑營平時既可歸視家室口糧所餘兼可補粥廠之不足將來大工告竣遣歸較易非若尋常招募易聚難散奉硃批招募壯丁以工代賑所籌尚妥著依議行

光緒十三年九月河東河道總督成孚奏稱竊臣承准軍機大臣字寄八月二十九日奉上諭翁同龢潘祖蔭奏黃河南決懇飭速籌堵塞並設法補救一摺覽奏均悉此次鄭州決口爲患甚鉅翁同龢等所稱黃河南注有二大患五可慮均係切中事理之言現在大溜南趨經行何處尚未據成孚續奏昨據倪文蔚奏報摺內有溜分三股之說目前無論情形如何總以迅籌堵口爲要策成孚業已疏防於前必應補救於後著即會同倪文蔚趕集料物盤築裹頭務將堵台之法尅日籌議若再冀幸遷延致誤事機該河督自問當得何罪等因欽此旋又承准軍機大臣字寄九月初二日奉上諭上南廳鄭下汛漫口大

溜南趨貽害甚大朝廷日深焦念成孚於八月十九日奏報後迄今尚未續奏現聞決口刷寬至七八百丈成孚遷延未奏豈尚思彌縫掩飾耶現在盤築裹頭工程若何失事已將二旬必應辦有端緒成孚此次疏防厥咎甚重宜如何愧奮力贖前愆倪文蔚兼任河務亦應馳赴工次會同籌辦著即將近日口門情形並擬築辦法迅速據實具奏等因欽此伏念制用維艱之際與此意外之諶工當督率在工員弁力圖補救萬不敢遷延時日致誤事機計自失險以來籌撥餉需採辦工料晝夜嚴催實未敢一時少息當以東壩情形緊要未俟工料齊集即於八月二十五日赶緊動工甫經旬餘已將兩壩裹頭護埽一律掛辦完竣西壩各工現已跟縣到底追盤堅實仍飭兩壩工員隨時加意修守毋稍疏虞至該口門昨經臣會同撫臣確切丈量實止五百五十丈並未寬至七八百丈業經督飭開歸道約估工款籲懇飭撥具摺會奏在案查口門水勢現已節屆霜清冀可水落溜綿所有堵合事宜亟應赶速籌備

光緒十三年九月河東河道總督成孚奏稱鄭工口門溜勢無定有由西壩滚洄西行折而東流者有由東壩順隄東駛合股南流者良由下游河槽未能刷深以致散漫較廣現

在西壩二面皆水遠至數里之外方得乾壩設廠儲料不獨轉運維艱且遠道取土更非所宜再四籌畫惟有趕築攔黃壩以資束水一面於漫水下游設法疏消俾可漸臻涸復次第經理該壩裹頭護埽均已追盤穩實而北面臨黃順隄埽段仍宜廂護整齊以免搜後之虞現正接續廂修不容稍涉停輟舊河迤東尚有串溝數道每遇水長風湧輒即普漫東趨水退受淤勢所必然正河多受一分之淤即挑工多增一分之費亟宜南北截築土壩以免漫淤之患即挑挖引河亦不致水中施工諸形艱阻盤築東西壩基壩尾各二百餘丈均已估定即與前項攔黃等壩同時舉辦加夫趲築不准草率遲延引河挑[illegible]形勢頗爲棘手應俟溜勢趨暢稍定再行相機籌辦黃沁廳屬攔黃埝埽壩磚石各工亦多險要兼之沁河漫口奪溜西趨正衝該埝之北以致腹背受敵當飭河北道廳來工面商機宜趕緊籌辦近已大致穩定

光緒十三年十月河東河道總督成孚奏稱竊於光緒十三年九月二十五日承准軍機大臣字寄九月二十一日奉上諭成孚奏漫口水勢綿弱亟待款料興辦倪文蔚奏塞決疏淤亟宜並舉各一摺覽奏均悉倪文蔚所稱添募災民挑挖引河並與成孚分駐河干

河南印刷局印

督飭修辦贊嚴定賞罰各一節所籌尚屬認眞均著照所請行該處工需前已由部提銀二百萬兩並准源源接濟自無停工待款之慮現在雖屆霜清水勢漸減轉瞬春汛漲發若不及時搶築後患何堪設想成孚身任河督責無旁貸何得以辦理棘手藉詞延宕如必俟溜勢稍定始行相機籌辦試問此項工程尙有可成之日耶倘再不知振作亟圖補救必當重治其罪著即會同倪文蔚嚴督工員趁此河流綿弱之時迅籌堵合務於來春大汛以前將大工一律告竣不得任聽河員進占遲緩之詞貽誤大局所需料物迅飭各屬赶緊運解如有遲誤浮冒等弊立即從嚴參辦餘均照所議辦理等因欽此伏查鄭工漫口本爲舊隄轉灣之處兩壩形勢既已参差不順復於口門上游挺生一灘西北東南約中斜長二十餘里大溜全逼南趨西壩尤爲吃重該壩八九堡一帶均係深水溜無定向挑水壩不能得底生基引河不能得力是欲挑動全溜側注引河須俟溜勢之趨向稍准方能定挑水壩基之所在非敢俟大溜全定始行籌辦臣前摺未經聲叙明晰致滋牽混實深惶恐至撫臣倪文蔚擬在上游胡家屯北而另開引河相距口門尙遠與東壩應挑之引河兩無關礙臣至省會商一切工款事宜即於九月二十四日馳回工次撫臣

與刑部侍郎臣降允升先後來工周歷兩壩逐一履勘查西壩頭前以上三面臨水賓土難求故先於該壩頭南面築攔黃埝一道以禦漫水現在已經工竣原擬東壩迤北估築攔黃壩現擬向北改築新隄俾與西壩斜對以期一舉兩得兩壩埽基業經興工加緊趲築並經詳細履勘審定河勢趨向鑒築挑水壩基俾得漸次進占以資挑溜惟壩工之長短以引河頭遠近爲定而引河頭之上下又以挑水壩過注爲準東壩迤北引河先就中段挑起仍留引河頭待合龍時相機搶辦蓋兩壩分路進占上下邊埽夾土壩同時並舉而挑水壩漸近漸逼口門愈收愈窄合龍時水勢抬高於是看定河勢之趨向即將引河併力挑挖三項工程一氣呵成乃可吸溜東趨此歷辦大工不易之成法故仍仿而行之此次大工需用稭料爲數較多自八月間開廠以來撤手給價每垛至價銀一百數十兩兩壩所收稭料除動用外計存不過三百餘垛實緣本年伏秋大汛上中兩廳迭搶奇險附近陝料業已蒐求無存而新料又因旱潦不時收成短少前經會同撫臣撥派六十餘州縣同力協辦嚴定功課勒縣購運一面委員分查札牘交催運到仍屬無多復於兩壩暨北岸以及鄰近之東省曹州府直隸開州等處分派委員設廠採購源源接濟工用並另

片奏請准予通飭各屬勸諭紳商富戶凡有捐輸料物各按例價核明銀數遵照海防新章請奬以昭激勸而期踴躍其餘麻斤磚石繩橛各項雜料亦經提早委員分投採購運工以濟要用刻下盤築東西壩基及挑挖引河需用人夫甚夥雖已僱集數千名並經撫臣召募工賑營勇仍不敷用復經會飭沿河州縣攤募民夫管帶來工分段合作臣智慮短淺於催料集夫事宜實已竭盡心力無計不施現惟會同撫臣併力嚴催一面詳核各州縣辦料之勤惰開單咨請撫臣分別存記功過以示勸懲如實有疲玩不力者併請嚴予撤參以資觀感而免延誤一俟催集稍多應即行擇吉興工臣職有專司責無旁貸惟當晝夜監督力任其難殫竭血誠倍加振作不敢任聽河員遲緩之詞稍涉因循以仰副諄諄訓誡之至意

光緒十三年十二月命禮部尚書李鴻藻督辦鄭工

光緒十三年十二月督辦工程禮部尚書李鴻藻奏稱竊臣在安陽途次奉到寄諭本日已明降諭旨特派李鴻藻督辦工程等因欽此當經具摺陳奏於拜發後即率同隨員司員赶緊折回正在函商河臣撫臣定議間適接到李鶴年倪文蔚函稱已於十四日將議

定做法開工日期奏報在案臣趲程前進於十八日行抵工次面晤李鶴年倪文蔚復將潘駿文之議和衷商榷反覆熟籌蓋原估做法大壩之外尚有二壩因節省料物將二壩減去今若再減挑水壩恐將來合龍時不能得勢況現在所存稭料甫及三千垛賀之潘駿文亦稱實無把握撫臣倪文蔚亦以事太涉險不如仍從紹誠之議較爲穩愼刻下開工就現有之料從挑水壩做起節節進占此後物料如能應手東壩亦可趁勢並進晝夜赶做一氣呵成即或料物不能接濟亦尚可固守臣等公同商酌意見相同應即定議尅日興工一面嚴催正雜料物以期源源接濟臣連日馳赴東西兩壩傳集在工文武員弁剴切曉諭務各激發天良破除積習以冀迅速蕆工該員弁等頗知感奮臣惟有殫竭血誠與河臣撫臣和衷商辦如有可以變通成法速助工作之處即當隨時商定具奏仰慰

宸廑

光緒十三年十二月國子監祭酒宗室盛昱奏稱竊維本年鄭州決口特遣重臣迭頒巨帑諭以迅籌堵合勿得延緩誠以決口一日不堵小民一日不安明年大汛經臨不徒數百萬災黎歸耕無地淮陽數百里財賦之區亦必同遭浸沒民生國計所關至重也顧現

在既以堵口爲正辦而堵口又以稭料爲要需聞稭料現需兩萬垛兩月之久實運到工方及十分之二就令印委各官悉秉公忠鄰省亦殫心協助源源接濟已恐誤過汛期況又聞該工委員有小民運料到工因不能成垛駁令仍回本縣者本縣因購運料物有每畝加錢二十文者故夏邑有燒燬料車之事曹州又有不肯出料之謠所聞雖未必果實然風語既達京師在彼小民之更孰能無疑懼竊恐大工未成他端又起凡茲禍害何可勝言然於無可如何之中亦未必無一二補救之法則惟有間用磚工而已查磚工之議起於前任河東河道總督栗毓美栗毓美因道光十五年原陽堵禦支河分溜用磚有效遂即推行各處嗣因舊磚購盡又議置窰燒造然燒磚一萬塊需用稭三萬斤既妨近隄取土之禁又有侵礙稭料之虞其時臣祁敬徵任尚書蒙派往查閱當以用磚有益燒磚有弊請改碎石碎磚同性且無燒造之煩是特謂新磚之不宜燒未嘗謂舊磚碎石之不可用也現既稭料無出自當兼用磚石請言其善約有二端一購辦易漫水所過城堡廬舍坍塌必多飢民搬運即可代賑較之購料於完善之區遠近難易迥乎不同善一工作易稭料追壓不足倘經閃失即行漂沒無存據栗毓美原奏磚工雖有蟄卸探量磚塊仍

存水底加抛即能屹立是其夷險亦復判若天淵善二願或謂磚石宜於培隄未必宜於塞決臣謂其說非也按原陽一役爲栗毓美得名之始即爲栗毓美廟祀之由其時支河刷開一百二十丈栗毓美迎溜抛磚口門收至五六丈拔大柳橫塞之磚如雨下不逾時而填閉此見之舉人蔣湘南七經樓文鈔者所言較奏報爲詳夫迎溜施工與堵合有何區別善乎栗毓美之言曰漢以竹楗塞瓠子土石兼施明以木囷塞陽武瓦石並用倘謂磚石之不易塞決則亦不考古之過也或又謂磚石不宜與土料並施此亦不然栗毓美原奏不云乎先用磚石抛墹後用土料加鑲工程至爲穩固是則剛柔相濟而用益神亦毋庸過慮者矣總之栗毓美已爲廟祀正神靈應昭著凡所施設當無不合伏請寄諭李鴻藻等悉心籌議迅速奏辦庶幾工程有堵合之期百姓免追呼之苦至於上游抛築挑水壩對面開挖引河皆爲向來辦工之成法又淸化鎮產竹取之無盡去工亦不遠正可補稭料之缺彌可當竹纜之用皆當籌議及之者並請寄諭諸臣勿泥守稭料爲堵合致誤事機奉上諭祭酒盛昱奏大工缺料難期堵合請間用磚石一摺前因鄭工需料甚殷諭令李鴻藻等兼用柳枝竹石補稭料之不足本日該祭酒所奏參用舊磚竹石亦本前

人成法係爲早日蒇工起見倘屬可採即著李鴻藻會同李鶴年倪文蔚妥速籌商奏明辦理至所稱工員駁回運料州縣加派錢文等弊並著該尚書等確加訪察如有其事立即從嚴參辦

光緒十四年正月督辦工程禮部尚書李鴻藻署河東河道總督李鶴年河南巡撫倪文蔚奏稱竊臣鴻藻奉命督辦河工當將到工日期並會同商辦情形具奏在案伏念時屆立春西壩即報興工東壩進占亟應趕緊辦理臣等連日會商並籌進堵之策查現在金門溜勢緊抱西壩分股東趨東壩頭正當迎溜頂冲惟値隆冬之際溜行綿弱改築壩基撐隄工程日內均可竣事壩前進占雖係深水幸日來北風司令河勢極順東壩北面畧見新灘趁此春水未生正壩與上下邊埽分路同進較爲得手核計東壩現儲正料一千七百餘垛雜料等項尚可敷用據總辦東壩事宜前山東臬司潘駿文稟請示期興辦前來臣等與在工文武員弁一再籌議衆意僉同茲擇於正月初六日祀土興工臣文蔚仍一面分飭辦料州縣並承催各員迅速趲購源源接濟俾不致有停工待料之虞以期仰慰朝廷軫念要工至意

光緒十四年正月督辦工程禮部尚書李鴻藻署河東河道總督李鶴年河南巡撫倪文蔚奏稱竊查鄭工西壩工程擬先就挑水壩做起節節進占於光緒十三年十二月二十日祀土興工先經奏報在案臣鴻藻到工後復加查核一面嚴催料物一面會飭總辦西壩事宜前山西藩司紹諴督飭在工文武員弁嚴催兵夫提集捆廂船隻就隄放隄進廂如法築做所有該處估幫後戧早經完工一律寬厚堅緊足資展布惟河溜緊逼壩前淘刷不已入首埽占即係深水撐擋下料不易施工雖照估定占寬十二丈築做而單壩孤懸三面著溜尚慮力薄難支探量壩前水勢已淘深二丈七八尺至三丈一二尺不等更恐出占難於藏頭當於該埽上首後身飭拋磚石垛一段俾壩身有所憑依庶免回溜後圈之患旬日以來併力工作偏值二十七八九等日風雨交乘飛沙迷目壩頭人難立足不能不稍待晴霽施工現截至本年正月初五日止做成埽占十六丈一尺均係層土層稭逐坯廂築仍按段加壓大土買力跟盤總期進一占即有一占之益查看溜勢漸向外移事機頗爲順手惟此次口門過寬占數較大如以陰晴靡常即施工難易不一過求迅速恐致草率偷工而稍涉延緩又恐春汛將臨水長沙鬆淘深費手臣等惟有赶緊催趲

務期以速補遲惟是工需稭料一項購辦仍難踴躍近料則搜羅殆盡遠料則限於程途車運倍形濡滯統計兩壩稭料除動用外實存三千二百餘垛不敷甚鉅現在東壩亦經開工兩壩次第進占設一時料物不能應手將不免停工待料之虞臣等焦急萬分莫能名狀又經飭派委員於距工適中之地催覓車輛添設轉運料廠俾遠來之料得以源源濟運以期迅速仍嚴飭辦料州縣及委員等竭力購辦毋使缺乏冀得早蕆大工仰紓宸厪

光緒十四年二月督辦工程禮部尚書李鴻藻署河東河道總督李鶴年河南巡撫倪文蔚奏稱竊臣等前於兩壩開工後當將西挑水壩進築埽占丈尺會摺奏報在案連旬以來嚴檄兩壩總辦紹誠潘駿文等督率在工文武員弁加緊進占迅速趕辦不准稍涉延緩現計東壩自開工日起已做成正壩埽占長四十五丈六尺上下邊埽夾土壩亦同時分路跟進層土層稭廂築穩固西壩挑水壩續成埽占連前共得一百三丈二尺測量水勢東壩埽前水深一丈二三尺至一丈七八尺不等西壩上首緊靠大溜水深之處尚有三丈一二尺溜勢亦仍如前察看新築埽工均屬一律堅穩並無淘刷蟄動情形臣等以

節近春分汛期將至正工程喫緊之時迭經親往查催壩頭兵夫人等負楗牽茭往來無間未敢稍形懈懈第以新做工段寬長必須逐坯爾築實力盤築一氣追壓到底始得穩實可靠操之過急難保無偷減之弊轉恐不足以昭慎重臣等惟有隨時稽察竭力趕催庶期工歸實濟惟稭料一項原估二萬餘垛疊經核減至少亦一萬三千餘垛屢飭各州縣設法購運並在兩壩設廠放價收買兩月以來僅撥運到四千餘垛終未能十分踴躍緣民間存料有數愈購愈少價亦愈昂臉屆春耕車輛僱覓艱難轉運更行濡滯查兩壩應進占數西壩居十之六七東壩居十之三四而東壩應進之料除動用外現存二千一百餘垛尚不至遠行短絀西壩除動用外止存一千四五百垛為數無多不敷甚鉅設一時不得應手將不免停工待料之虞且工段太長以時日計之亦恐趕辦不及臣等焦灼萬分徬徨無措現經札飭紹諴等詳加籌度如有可以變通成法之處另由臣等會同妥商具奏

光緒十四年二月督辦工程禮部尚書李鴻藻署河東河道總督李鶴年河南巡撫倪文蔚奏稱竊臣等於續報兩壩進占丈尺摺內欽奉硃批覽奏均悉桃汛將至工程喫緊(＜

尙書等務當多方設法趕催料物以資應用如能變通成法併工節料即著會商速奏等因欽此連日督同兩壩總辦紹誠潘駿文等於萬難之中力求濟事之策竭慮殫精伏查口門共寬五百五十丈迎溜越堵須進埽占約六百丈除兩壩做成埽占外未做工段約尙有五百餘丈每占約五丈連深水不能做足約一百十占按成規三日一占東西並進須一百六十五日再以兩壩存料核應做工程西壩約少七八千垛東壩約少一千餘垛訪查離工二三百里內民間存料將罄求諸遠方如直隷山東每垛到工需銀四五百兩不特轉運需時財力亦必不及今雖柳枝黍稭悉皆參用而收集有限無濟工需此時促料少之實在情形也紹誠等議附挑水之壩接築土壩寬五丈邊埽寬六丈水綫寬二丈變挑水壩爲正壩邊埽可省出邊埽一路之料即正壩兼挑壩作用又省出挑壩一路之料省料兩路計可少用二三千垛併工一路計可節縮三四十日臣等一再籌商舍此更無變通之法可以減料赴時現在一面督飭加派兵夫晝夜廂築懸重賞以鼓其氣持峻法以策其後一面再放料價以廣招徠並在周家口一帶設廠收買由水路運工此後事事應手約計合龍已在四五月間況近料則日見其少遠料則力莫能致春汛

倏臨河流日長水勢變遷瞬息異態天事既難懸擬尤慮人力亦有時而窮臣等所由皇皇焉必求其成又惴惴焉不能竟操其券冀邀神靈之佑庶幾底績有期

光緒十四年七月督辦工程禮部尚書李鴻藻署河東河道總督李鶴年河南巡撫倪文蔚奏稱竊維鄭工漫口寬至五百五十餘丈爲歷屆大工所未有其時日之促料物之缺工作之難迭經臣等奏明在案兩壩進占截至五月二十日東壩計成四十六占共長二百四十五丈西壩連挑水壩計成六十占共長三百九十丈兩壩併計共長六百一十四丈尚餘口門三十餘丈滿擬再進六占即可藏工乃至二十一日捆廂船失事後兩壩埽占走失蟄陷搶廂無已以致不能進占節經由電奏聞臣等本擬將兩壩蟄失各占補齊後仍加緊前進乃月餘以來此廂彼蟄將購備合龍之料半爲搶廂耗去現實無可再籌人力已窮此誠無可如何者也連日飭據兩壩總辦紹諴潘駿文及鄭工總局司道劉瑞祺朱壽鏞等轉據文武掌壩等官稟稱時屆中伏水力正猛朐交秋汛淘刷更深人力萬難與爭壩頭託纜僱觕等船每遇旋渦巨流時有傾覆委兵船戶人等先後已沈歿二十餘名縱使勉力進占難保不爲急溜冲失徒糜料物無益工程不得不籲請停緩俟秋汛

後接續赶辦惟口門非留百餘丈全河萬不能容現僅三十餘丈能否不至塌寬亦實無把握至續撥工款現計未解到者約有七十萬除應補還司庫墊款外兩起所存銀錢統計不及二十萬非豫爲籌計奏請派撥不足以資接濟等情會稟前來臣等據所稟各節再四籌商目下大汛將臨款料又復不繼惟有請旨停緩俟秋汛稍平即行前進但兩壩員弁兵夫不下十餘萬人雖可量加裁減仍須酌留數成以備防護搶廂之用現已嚴飭文武兩壩分段駐防竭力保護惟口門過窄深恐巨溜難容至秋汛後如何情形實非目前所能逆料等因上諭據李鴻藻等奏伏秋汛至請停緩大工俟秋汛稍平接辦一摺覽奏殊深憤懣自上年八月鄭工漫口迭諭該河督等迅籌堵築明旨電諭不啻三令五申乃該河督等遷延觀望節經嚴旨催辦至歲杪始行開工幸自春徂夏水勢極平爲向來所未有前據奏報僅餘六占未進不日可望合龍滿冀早蕆全功俾數百萬災黎同登衽席詎自上月二十一日西壩捆廂船失事阻礙不能進占又不先期放河引溜以致口門淘刷日深秋汛已臨不克堵合該尚書等辦理不善咎無可逭但據奏稱種種棘手情形若仍令勉强趕辦終歸無濟著准其暫行停緩李鶴年身任河督實無旁貸陛辭之日自謂

迨日就工詎到任奏報詞氣全涉推諉嗣後並不竭力催辦一味敷衍取巧致功虧垂成
誤工糜帑與成孚厥罪維均縱令留工難期後效李鶴年著革去頂翎與成孚均發往軍
台効力贖罪李鴻藻係督辦之員倪文蔚係兼轄會辦之員督率無方主見不合亦難辭
咎李鴻藻倪文蔚均著革職留任降爲三品頂戴現已簡派吳大澂署理河督未到任以
前著李鴻藻暫署俟吳大澂到任再行來京紹諴潘駿文分任東西兩壩進占未能如法
以致蟄陷誤工厥咎亦重均著革職留工効力倘再不能保護新工定當重治其罪至兩
壩失事之文武員弁並著李鴻藻倪文蔚查明覈參具奏毋稍瞻徇　分見經費門
光緒十四年七月督辦鄭工禮部尚書署河東河道總督李鴻藻河南巡撫倪文蔚奏稱
竊臣等欽奉光緒十四年七月初十日上諭本日李鴻藻等奏伏秋汛至請停緩大工俟
秋汛稍平接辦一摺著准其暫行停緩一面固守已成之工一面添集料物俟秋汛稍平
迅速接辦現已飭戶部迅籌鉅欵接濟工需著李鴻藻等將如何挑溜挖淤及添集料物
各事宜認眞速辦詳晰覆奏至兩壩失事之文武員弁並著李鴻藻倪文蔚查明嚴參具
奏勿稍瞻徇等因欽此臣等才庸識闇勉任鉅艱不能早奏平成仰紓宵旰重負罪戾誅

譴雖寬願蒙恩慈儆予薄懲以責後效悚惶無地感極涕零伏查鄭州潰口工艱時迫不易程功久邀聖明洞鑒自開工以來臣等與前署河臣李鶴年督率在工文武員弁殫謀竭慮晝夜催趲六閱月運挑水壩共成占六百十四丈挑引河二千九百丈卒以時在大汛人力難施且民間稭料舊儲已罄新秫未收不得不暫議停守上奉訓諭下孩民生溯查道光年間中牟大工其時尚在二月亦以金門收窄連走五占此次紹誠潘駿文等親督廂築料實工堅伏汛之中墊失一兩占尚能竭力補廂未至一蹶不振惟秋汛方盛必非三四十丈之口門所能容納從前年工停辦拆寬二百丈而後能守臣等與紹誠潘駿文等悉心籌酌一占之費動逾鉅萬但有一綫可守不得輕棄尺寸之工萬一洪流異漲金門束溜太緊猛悍之勢實不能支隨時酌量拆展數占以免掣動全壩仍責成兩壩日夜防護將新工迎溜之處分别赶做護埽拋築石垛務保無虞俟來開放引河大抵在將次合龍之時水勢擡高引河吸川得力正口水平門占隨下始能一氣呵成本年節交夏至汛水驟長兩壩十分喫重衝開引河平流月餘受淤不少議者謂宜堵塞河頭俾免續墊以保河身但引河分水一分下游災區即減一分之潦兩壩新工亦減一分之險究竟

挑河工費省於進占兩害相形自當取其輕者臣等現在督同總局司道並原辦引河之河北鎮總兵崔廷桂逐段履勘凡有阻溜之處一律設法挑挖河頭西北而土山有坐灣邊溜之病已估定土方責令赶緊起除一面就勢抽溝以順溜勢一面用混江龍於溜急之段往來疏濬藉資衝刷至正雜各料均已動用將盡預籌將來接辦大工之需尤以及時集料爲要義現已督飭總局遴派委員分投設廠部撥工款計可陸續解到俟白露後秫稭乾實由局出示廣爲收買廠觔一項亦爲工需大宗並已委員分路採辦此外一切雜料均即次第添集必可無誤工作大河形勢時有變遷指日秋汛水銷接續堵合或應溯流而上別覓河頭或應從西壩接築雁翅壩以挑溜勢或應避去舊口另行越堵皆非此時所能預擬也

光緒十四年八月督辦鄭工禮部尚書署河東河道總督李鴻藻河南巡撫倪文蔚片奏稱再兩壩失事文武員弁奉旨飭臣等查明嚴參具奏勿稍瞻徇等因欽此伏查壩頭進占事屬文武掌壩各該員自冬徂夏督率兵丁無日不躬親力作於嚴寒冰雪炎風烈日之中迭伏汛大至金門日窄急溜狂瀾旋渦怒捲兩壩撐檔廂坯萬分艱險或廂船震動

或新占驟蟄弁兵常有死者掌壩之員亦屢瀕於危臣等在工目擊未嘗不心焉憫之此次大工未竟辦理不善咎在臣等捆廂船之沈沒實非事前所能逆料該員等於埽占蟄走間不容髮之時捨命搶廂旋即一律補齊似與從前牟工連走五占未能搶護者情形不同惟既已失事於前亦難辭咎相應請旨將東壩文掌壩下北同知高善志中河通判雅惠均武掌壩下北營守備樊景山中牟下汎把總徐進德西壩挑水壩文掌壩黄沁同知陳履成祥河同知張士傑武掌壩中河協備朱永和黄沁協備杜長春邊壩文掌壩下南同知朱懋瀾候補同知陸睿琴李棠武掌壩上南協備張敬修均革職留任仍留工効力以示懲儆而策將來至捆廂船失事之管領鄭下汎外委吳鳳山唐郭汎外委齊建因該船陡被蟄壓猝不及避當與兵目水手人等一同沈溺時值黑夜浪湧風狂無從撈救該二弁因公斃命殊堪憐憫其應得處分應請從寬免議

光緒十四年八月署河東河道總督吳大澂奏稱竊臣初八日接印後即於初十日到工十一十二兩日親赴東西兩壩查勘工程並於引河頭上下測量水勢與掌壩文武各員詳加辨論博訪周諮有不可不辦之要工亟須預籌布置敬謹陳之臣查東壩四十六占

實量得二百一十五丈西壩六十一占實量得三百五丈口門約計三十五六丈自中泓至東壩根水深九尺西壩上首水深七丈有餘下首水深六丈查驗兩壩工程均尚結實惟西壩五十六五十七兩占沖缺正壩尚未塡補整齊日內正在加廂加築所掛埽段亦可抵當邊溜不致再有走失臣與紹誠添駿文霦未謀而亦無書翰往來公是公非自有定論既奉諭詳查自應一秉至公不敢意爲軒輊但核其工程做法西壩不如東壩之切實即搨廂船失事之時亦由西壩趕工急切未能穩愼進占之所致論兩壩施工之難易東壩逆流進占其勢較難西壩順流進占其勢稍易故當日兩壩興工有東三西七之議以通工一百十四五占計之東壩現進四十六占已得十分之四西壩現進六十一占不及十分之六且東壩於正壩之外加築上邊壩下邊壩三路並進較爲穩固西壩於開辦之初先築挑水壩後就挑水壩改作正壩一道並無邊壩直至二十占後始行添做下邊壩一道移步換形胸無成竹此掌壩大員主見不定之故蓋紹誠曾經辦理滎澤大工自謂熟諳河務不免有易視工程之見豈知工段太長專恃一壩進占力量未免單薄及至事機艱阻始圖補救之方已覺進占不能如法是紹誠之勇往有餘穩愼不足在工人員

所共見共聞臣平心而論東壩功過足以相抵西壩則功不抵過此後工程應於西壩添築挑水壩最爲緊要雖霜降以後水力漸微然以南北兩岸大溜三四股全注於口門非有挑水壩不足以障其流而緩其力李鴻藻等會奏摺內擬築雁翅壩亦即此意臣查挑壩與引河相爲維繫挑壩不築不能逼溜歸入引河引河不深不能吸溜使復故道此一定不易之理前山東按察司潘駿文力持此議正與臣意見相同合龍之有無把握視挑壩引河之得力不得力河工有可省之費有必不可省之費所貴權其輕重而不敢遷就以貽誤也至從前河北鎮崔廷桂承辦引河寬深丈尺經前署河臣李鶴年撫臣倪文蔚派員勘估係分九十六段挑挖工竣前督辦臣李鴻藻親臨閱勘尚無偷減草率情弊惟向章引河不宜早挑亦不宜早放總在合龍前三兩日開放引河則一面合龍一面放水大溜所趨建瓴而下引河有吸川之勢不致泛濫無歸此次引河自行擡開本非意料所及始則分溜下注大溜似覺稍鬆究不能掣正溜以達引河河水不旺則停淤易積經一次長水即多一次積淤日久則愈積愈墊拖泥帶水人力既無所施分溜之功甚微而執淤之受病甚深此引河之不得勢由於合龍之無期非挑挖淺率之咎臣既深明其故不

得不據實陳明如果承辦之員糜費誤工臣亦當查明奏劾無所用其迴護也臣到工之日即據潘駿文禀請攔壩堵流挑深引河言之確鑿在世俗之見以爲引河分溜豈有堵塞之理臣既親自履勘引河頭所分之水僅由東壩脚廻溜餘波自南而北復自北而東紆迴曲折祇此一綫分流灌入引河至多不過十分之一灘面浮水平流不過尺許實不足以資宣洩現在引河頭深處自一丈至五六尺不等兩傍所積淺灘時隱時見若不設法深挑轉瞬霜清水落其涸可立而待欲大溜之歸復故道非深挑引河頭不可欲挑引河頭非築攔壩不可雖與前督辦臣李鴻藻前河臣李鶴年等會奏情形稍有不符而河勢變遷不一自當隨時相機辦理未便拘執成説致誤要工應如何擇日興築估挑之處臣飭鄭工總局司道會議稟復即行赶辦臣與該司道等核計時日攔壩以後須二十餘日方可乾涸估挑引河頭須兩月方可竟功而霜清以後東西壩同時進占兼築挑水壩約計兩月內可望合龍現將派員設廠收料各事宜竭力催辦以便興工後赶築赶堵總期早日蕆事上慰宸廑

光緒十四年九月署河東河道總督吳大澂奏稱竊維醫者治病必考其致病之故病者

服藥必求其對症之方前事之師即後車之鑒臣自到任以來日在河干與鄉村父老諮詢舊事證以前人之紀載知豫省黃河之患非不能治病在不治而已築隄無善策廂埽非久計其要在建壩以挑溜逼溜以攻沙溜入中泓河不著隄則隄身自固河患自輕廳員中到省最久者僉言咸豐初年滎澤汛尚有磚石壩二十餘道隄外皆灘河溜離隄甚遠就壩廂埽以防險而隄根之埽工甚少自舊壩失修不數年間廢棄殆盡河勢愈逼愈近埽段愈添愈多廳員救過不遑顧此失彼每遇險工輒成大患同治六年前上南同知鄒槃拆去石壩一道七年滎澤決口而鄒槃投河自盡豫省紳民人人知之至今銜之刺骨然自滎工合龍以後舊時石壩並未補還臣實不解其故此次滎工生險大隄處處裂縫十堡九埽以下裂埽四十餘丈寬約四丈餘十六埽以下裂埽三十餘丈寬約四五丈不等隄岸沙鬆見水即化搶修三十餘日危險異常河工人員以廂埽爲能事及至大溜圈注不移旋廂旋蟄旋蟄旋走幾至束手無策臣親督道廳趕拋石垛河底墊石不過一二尺而溜即見緩河隄以爲廂埽乃救急之計石壩非倉猝可圖不知兵家禦敵必能戰而後能守臣於河工亦創以戰爲守之說三四丈深之大溜投之以石似屬糜費錢糧乃

石未出水溜即外移此臣躬歷而目覩確有把握信之愈深持之愈堅始知水深溜激之時惟拋石足以救急其效十倍於埽工以石護埽溜緩而埽穩歷朝河臣如潘季馴靳輔栗毓美皆主建壩挑溜之議良不誣也然以數十年久廢之要工非臣一旦所能補築以數十道應修之大壩亦非一年所能工竣惟有於鄭工撥款內力求核實撙節省得一萬即多購一萬之石垛省得十萬即多做十萬之壩工雖係善後事宜實應提前趕辦如中河廳頭堡大王廟前頂沖之石壩四堡迎溜處應添石壩八堡之人字壩托頭壩最爲緊要下南廳十七堡之順二壩十九堡之蓋壩二十堡之新挑壩等處均應接築加抛以固省城門戶趁此乾河修築人力易施否則鄭工合龍以後明年春夏再出險工必致措手不及臣惟有蠲此心力先期設法修補存石多則用碎石存石少則兼收舊磚擇要以圖補得一段必有一段之效驗豫省士民屬望於臣之意甚深臣所以仰答朝廷知遇之心亦甚切誠恐心有餘而力不足臣不敢謂一治而病即減較愈於不治而病日增但須對症發藥一年而小效三五年後必有大效奉諭磚石挑溜歷著成效該署督既確見及此應即照摺內所陳切實辦理以復前規而弭隱患

光緒十四年十月署河東河道總督吳大澂奏稱竊臣於光緒十四年十月二十四日准直隸總督臣李鴻章轉電各國事務衙門來電欽奉二十二日諭旨垂詢鄭工現辦情形即於是日敬陳大畧電復奏明在案至挑壩所以停止之故不能不據實上聞西壩議築新挑壩一道在五十一占埽前生根自九月二十二日興工至十月初三四日始得辦厎到底費料幾及百垛蓋因二十七八日連日大風全河奔注埽前愈淘愈深一占進至十二三日殊非意料所及正在趕進第二占河勢忽又生險全力隨注挑壩上首將舊壩四十六七占陡蟄平水初六日辰刻情形甚爲危險經前山東按察司潘駿文督率文武掌壩激勵委兵搶廂穩固適當稭料不足之時舊壩新占同時喫緊需料過多頗形掣肘臣與潘駿文通盤籌畫若必俟挑壩築成再圖正壩核計時日過於遲緩料物亦難接濟與其兼營挑壩有誤金門堵合之期不如節省料垛專供兩壩進占之用凡事有經有權常則守經變則達權亦因時制宜之辦法而局中局外議論紛紜皆謂挑壩不宜停做責備甚嚴且係臣自行奏辦之工忽又中止未免自相矛盾然臣再四思維迴護前說必至貽誤大工曠日糜料事無把握常人知經而不知權臣則當統籌全局權其輕重堅持定見

不能不力排衆議捨挑壩而專力金門函商撫臣倪文蔚意見相同遂即定議西壩於十三日開工先進一占東壩於二十四日開工續進一占惟口門愈收愈窄工作愈進愈難除新進兩占不計外現在實量東西正壩中間金門尚存三十二丈以後撑擋不敢過寬約須分作七占東壩進三占西壩進四占再進兩占後晝夜不能停手便當一氣呵成趕至合龍為止臣亦不敢過於催迫致蹈草率之咎但令穩進穩壓料足土勻得一占保住一占自無意外之虞計距小寒節不及四十日為期頗形局促幸河勢尚屬平順溜力漸微趁此冰凌未結之時即應竭力赶辦以期仰慰聖懷廑念河工之至意至籌購料垛甚爲費力始於東西壩及河北之花園口分設三廠滎澤壩另設一廠旋又派員於北岸之王屋趙莊平皋灘添設三廠因西壩收料擁擠續添分廠一所總計八廠截至十月二十五日止共收稭料二千二百四十二垛盤察民情亦不謂不踴躍臣大澂親赴各廠稽察勤惰諭令委員寬定價値隨到隨收隨時發價不令鄉民守候賠累亦不准料戶囤積居奇撫臣倪文蔚亦屢札近工各州縣親自赴鄉勸諭民戶赶速運料赴工售賣並派員分路查催至再至三不遺餘力無如各工緊要需料過緊日計有餘總計不足除滎澤壩搶

河南印刷局印

護險工銷用三百垛及東西兩壩逐日動用外現存新料一千三百一十五垛舊存未用之料二百七十三垛統共存料一千五百八十八垛約計收至十一月底尚可續收二千餘垛足敷兩壩進占不致短缺惟遇大風雨雪料車不能源源而至此又未可逆料者兩壩開工以後其勢不能停工待料臣所以力爲籌購日夕焦思惴惴焉惟恐辜負聖恩爲懼臣惟有寬籌稭料不誤工需庶可尅期蕆事藉紓朝廷宵旰之勞

光緒十四年十二月署河東河道總督吳大澂河南巡撫倪文蔚奏稱竊查鄭工東西兩壩進占日期迭經臣等遵旨隨時電奏並於十一月二十九日將合龍已有把握情形據實奏聞在案自十二月初一日以後金門外積凌甚厚一時未能融化察看河流微弱水勢未必擡高旋長旋落誠恐引河頭攔黃埝外或爲流冰擁塞致有阻滯之虞因於初十日趁天氣和暖之時即將引河開放是日申刻正溜即由金門北面分道東趨河槽刷深至一丈四五尺間有澌凌凍結水面尚無妨礙一面督飭兩壩文武員弁晝夜趕辦議將西壩上邊壩原定兩占丈尺併作一占以期迅速東西兩壩門占已於十二月十四日一律告成均已堅實高整十六日掛纜後臣等躬率在工文武沈玉祭河十七十八兩日正

壩上邊壩同時合龍已於十九日閉氣下邊壩料物亦已齊備即於數日內趕成加築後戧益臻鞏固臣等仰秉宸謨徼邀神佑得以尅期奏績藉紓朝廷宵旰之廑幸得免於罪戾臣大澂接辦以來經營四月有餘大工始克告竣而事當創始規畫尤難追溯前功皆前督辦臣李鴻藻前河督臣李鶴年成孚協同籌辦之力臣不敢掠美自居李鴻藻等獲咎於前臣等收工於後雷霆雨露莫非君父之生成所有李鴻藻李鶴年成孚前得處分應如何加恩之處出自聖裁臣等不敢沒其勞苦之忱其餘在工員弁擇其勞績最著者開單奏請奬叙仰懇天恩俯念鄭州大工堵口五百餘丈之寬歷時一年之久工程之艱鉅爲歷屆所未有隨工差委各員寒暑無間辛苦備嘗請照異常勞績隨摺保奬四十四員此外在工出力各員弁應俟臣等査明擇尤酌保再行奏懇恩施記名提督河北鎮總兵崔廷桂承挑引河兼築挑壩並在壩頭照料進占事宜不無微勞足錄惟係專閫大員應如何奬勵之處臣等未敢擅擬伏候聖裁再搶辦埽占落水捐軀及在工積勞病故員弁擬俟査明彙案奏請恩卹合併聲明

光緒十四年十二月署河東河道總督吳大澂河南巡撫倪文蔚奏稱再前署山東按察

河南官印刷局印

使潘駿文經臣文蔚奏調來豫委令總理東壩事宜臣大澂接辦鄭工奏派總理西壩事宜該員於河務閱歷最深有謀有斷識力堅定不爲衆論所搖其能耐勞苦始終不懈又有過人之精力臣大澂自問學識不如潘駿文此次到工遇事諮詢深資臂助潘駿文與臣往復辨論之書積至數十函論其才具見識臣大澂自應薦賢自代惟大工告竣善後事宜亟應布置臣不敢存推諉之心潘駿文以監司大員稍事迴翔即堪大用惟有仰懇天恩准將頭品頂戴前山東按察使潘駿文開復革職留任處分應如何擢用之處出自聖裁臣等不敢擅擬謹附片具陳

光緒十五年正月河東河道總督吳大澂奏稱竊維豫省黃河之患其病在南北分流中多積沙埂隔河溜或斷或續時有變遷中泓不能暢行北溜弱則南溜喫緊南溜外移則北溜較大最可慮者河勢由北折而南直抵南隄或與南溜會合爲一其頂衝之處即受患之根隄岸沙鬆險工迭出其所由來者漸不明其理不察其勢輒以爲患不可測而實非意外之虞也近年河流趨重南岸淘刷過深有北高南下之勢隄身著溜圈注不移沙灘愈長愈寬溜勢愈逼愈緊埽段愈添愈多推原其故皆有南岸之廣武山本係土岡日被黃流衝刷三十餘年塌去山根八九里之遥上游無所攔蔽下游實受其衝廣武山以東有民埝一道約長千餘丈民埝以下即上南廳管轄之隄頭就官工而論山腳與隄防無涉就河勢而言廣武山爲南岸三廳之保障脣齒相依關係實匪淺鮮臣於正月十六日出省周覽全河形勢督率道廳履勘善後要工分別派辦十八日行抵廣武山下查得該山在滎澤縣境南北横亘十餘里登臨重巒悉皆土阜北面臨黃之處久爲河水所嚙如危崖下墜半離半合舊有古廟淪入河心山下民田亦隨灘嘴淹没不少詢之土人頻

河南印刷局印

年伏秋大汛民埝亦常漫水幸地勢高於河面尚無冲决之患然山麓與民埝接壤不爲保護數十百家之田廬墳墓亦復岌岌可危若於廣武山下添築五六十丈大壩一道以柴土爲心護以碎石四五千方挑托河溜必可得力但使大溜漸向北趨以後山根不再裒塌民埝不再生險滎澤鄭州各汛一帶隄工藉可稍鬆與北岸廟工大隄相去尚遠亦無此輕彼重之虞臣與撫臣倪文蔚通盤籌畫意見相同擬在善後工程內撥銀十餘萬兩奏派道員陸襄鉞悉心經理廹日興工竣事之後由撫臣倪文蔚專案奏銷將來修守事宜或即歸入上南廳同知就近照料如須加抛磚石所費無多即于常年添欵內酌量勻撥似與民埝河防兩有裨益

光緒十五年八月河東河道總督吳大澂河南巡撫倪文蔚會奏稱竊臣大澂前因鄭州大工合龍以後親赴兩岸各廳周覽黃河全局形勢勘得南岸滎澤縣境之廣武山地居上游實爲上南中河下南三廳保障近年來因河流逼注致將該處山根刷塌坐灣引溜南圈實爲下游各工險夷所關察度情形須在黃門嘴山根修築柴芯大石壩一道挑托溜勢以資保護要工曾於本年正月二十四日會同臣文蔚專摺奏請撥於善後工款內

撥銀派委道員陸褱鉞專司經理在案旋即檄飭該道具領銀兩赴山又買稭料採運碎石剋期築做據報分派委員一面在附近開設料廠一面赴鞏縣採辦石方並調上南河營弁兵到工力作當將稭料碎石各項辦有成數即於光緒十五年三月初三日興工先築柴芯大壩一道計長六十六丈牽寬八丈繼於壩頭及四面裹拋碎石長七十四丈牽寬三丈八尺七寸五分東面壩築後戧土工六十二丈九尺均經一律跟厢堅穩出水亦屬高整足資挑托鞏護已於五月初九日完竣臣等親往勘驗並無草率將前項壩工就近飭交上南河廳經管修守

光緒十五年十二月河東河道總督吳大澂河南巡撫倪文蔚奏稱竊查上南河廳屬鄭州下汛十堡石家橋隄工因黃水非常盛漲於光緒十三年八月十四日漫溢過隄陸續刷寬口門五百數十丈淹及河南安徽江南一帶地方仰蒙朝廷軫念三省災區不惜巨帑責令臣等督率工員晝夜興堵力挽狂瀾以救東南昏墊先經臣文蔚會同禮部尚書臣李鴻藻前署河臣李鶴年督率兩壩文武進築埽占籌辦料物挑挖引河土料兼施西壩於光緒十三年十二月二十日興工先從挑水壩做起進至一百十九丈與西壩頭迤

對因患時促料短籌商變通辦理之法即於挑水壩頭至西壩頭橫築撐隄一道改挑水壩爲西正壩就撐隄身寬留土檳添生下水邊埽一路由此兩路並進撐隄之西仍曰挑水壩撐隄之東乃謂西大壩其東壩工程係於光緒十四年正月初六日釘橛開辦始則正壩上下邊埽三路同進及至五月中旬亦因料物過於短絀議從三十七占減去下水邊埽一路以期節省稭料孰知做至四十餘占之後兩面迴溜十分洶湧正壩屢被衝突情形危險異常不得已仍將下水邊埽添出照舊三路進廂臣等查閱卷宗核減下邊埽一層當經禮部尚書臣李鴻藻於恭報續得埽占丈尺案內奏明嗣後復經添出漏未具奏不得不補行聲明至引河工程原估挑挖二千九百丈內留引河頭三十丈先挑二千八百七十丈經河北鎮崔廷桂董率工員於十三年十一月二十二日興挑次年五月工竣臣大澂到任後覆勘兩壩已做各工均尚屹立穩固所挑引河亦無偷減草率情弊惟攔黃壩爲串溝之水自行擅開河身不免淤淺臣等公同籌議接辦一面先將攔黃壩缺口填補原挑引河展寬加深迤下接挑三十段並於攔黃壩外挑挖龍鬚溝一道以吸河溜一面在兩壩分設各廠廣購稭料添辦廂繩騎橛諏吉興工西壩於第六段門埽外接

築新挑水壩一道第七段門埽外修建蓋壩一道再在蓋壩下首壩檔生根添出上水邊
埽一路與東壩埽占均按三路同進以期兩相湊合續挑引河奏報於九月二十二日興
工西壩於十月十三日東壩於十月二十四日分投接辦竭盡六十數晝夜之力始告成
功引河挑挖完竣後於十二月初十日開放兩壩門占廂齊即於十二月二十日合龍閉
氣全河挽歸故道大工普慶成平所有做過各項工程段落丈尺約核用銀總數現已飭
據鄭工總局司道查明具詳前來臣等逐細覆核係做過大壩埽工長五百四十丈上面
普律加廂又上水邊埽自東壩頭起至蓋壩檔止埽工長二百九十丈夾土壩長二百九
十丈上面普律加廂下水邊埽工長五百四十丈夾土壩長五百四十丈上面普律加
廂西第六段門埽外接築新挑水壩一道埽工長十二丈上面普律加廂金門迤上西壩
第七段門埽外修建蓋壩一道埽工長二十八丈上面普律加廂西壩第五段門埽外廂
做護埽長二十三丈東壩下邊埽外廂做護埽長三十丈西大壩基就舊隄南面幇築土
工一段長三十八丈四尺該大壩基北面至挑水壩頭築做撐隄一道埽工土工各長三
十三丈東大壩基就舊隄北面幇築土工一段長三十丈挑水壩埽工長一百十九丈上

面普律加廂挑水壩第二段門埽外廂築護埽長二十二丈挑水壩基就九堡大堤南面加幫土工長四十丈挑水壩南面隨壩澆築土戧一道土工入水長八十八丈出水頂長一百一丈五尺底長八十八丈西壩第五段門埽外護埽迤上拋護碎石二段長十一丈五尺護頭埽上跨角拋護碎石一段長五丈五尺東壩上邊埽外拋護碎石三段長二十丈碎石下首拋護磚塊二段長十六丈挑水壩上首順堤拋築石壩一道長十二丈新挑水壩上水拋護碎石一段長五丈又東西兩壩盤護裹頭埽工十二段長八十二丈五尺東西裹頭埽上下首順隄廂做埽十九段長一百三十四丈七尺以上係做過土埽磚石各工又估挑引河先在舊河身築做攔黃壩一道土工十二段長六百十四丈內六七兩段中間因被串水搖開補還缺口土工長七十四丈六尺引河北面先切土山二段長一百六十一丈一尺搶挑引河頭一段工長三十丈挑挖引河九十六段工長二千八百七十丈該工普律展寬八丈加深六尺計長二千八百七十丈迤下接挑引河三十段工長一千九十五丈攔黃壩外挑挖龍鬚溝一道分十三段工長二百六十丈以上係辦過引河各工

光緒十六年八月護理河南巡撫廖壽豐片奏稱再本年八月初五日據懷慶府屬孟縣知縣王蘭森稟稱該縣濱臨黃河離城二里舊有護城隄一道以防河患隄之西南又有小金隄一道藉資保衛自道光二十二年借欵修隄以來迄已四十餘年之久隄身卑矮殘缺不堪歷年因黃河緊靠南岸行走離隄甚遠尚不緊要詎本年七月十六日以後南岸忽漲沙灘河流北趨大溜遂漸轉移直逼隄根致將小金隄陸續刷塌當經該縣督集人夫抛磚掛柳並於扼要處所修築新隄竭力攔禦無如溜勢過緊不特小金隄多被冲刷即現築新隄亦復隨築隨塌形勢岌岌可危稟請委員勘辦前來臣查孟縣居黃河北岸上游向係無工處所僅設汛官主簿一員爲黃沁廳所兼轄其小金隄護城各隄亦屬民築民修並無官隄今河流直向北趨距城較近誠恐冲及城垣患延河朔所關匪細立即飭司委員星夜馳往會同該縣實力搶護現據河北道明保稟報該道已於八月初八日輕騎馳抵孟縣查勘情形相同並據孟縣繪呈圖說臣詳加察核此次黃河北徙大溜坐灣勢甚湍急恐非民隄所能抵禦必須在上游趕做石壩方能挑溜外移復又遴派熟悉河務人員前往勘辦並札行黃沁廳督飭汛官會同辦理一面飭司籌款濟用除俟測

度河勢情形確估工程銀數再行詳細具奏

光緒十七年五月河南巡撫裕寬奏稱竊查上年七八月間黄河北岸孟縣小金隄因大溜北趨岸灘塌蟄漫及隄身距城切近當據孟縣禀經藩司廖壽豐於護撫任内檄飭河北道明保督同印委各員相度機宜自新莊下首起至小金隄西頭大王廟東止拋築石壩四道石垛六個大王廟之西建築攔河堰一道長八十丈並將廟東塌臌小金隄一段長四百四十一丈殘缺間斷之處培修完整又於首尾接築三百三十九丈攔禦漫水奏准辦理臣到豫後即經檄飭該管道督同該縣暨調熟悉河務各員前往認眞籌辦一面派員前赴濟源山中鑿購石方廣調船隻源源起運次第拋築詎因二月中旬西南風連朝不息河心老灘忽塌寬數十丈逼溜北滚南河水漲復淋灘而下直射北岸該處上土下沙基不能穩新工已爲撼動經該道督同在工各員相機搶護加拋一壩三垛添護柴土兩段溜勢始漸外移維時壩垛各工已將告成臣正擬於河北鎮屬查閱營伍之便順道查看該處新築工程曾於奏報閱伍起程摺内聲明在案一面札調熟悉工程之祥河營都司朱永和隨同前往查看河勢情形三月二十日自懷慶府前赴孟縣天尚未午隨

即督同河北道明保懷慶府知府李芳栜孟縣知縣王蘭森暨在工各委員周歷履勘復沿河西行直至上游十餘里之戍樓村全局在目始悉河勢變遷之由蓋緣孟縣黃河南岸即係孟津縣之鐵謝嶺淡陵石壩所挑河流側注日向北趨鐵謝之對岸爲孟縣西鄉紫金山之麓其地土石堅固未致刷動而迤東下游自義井村至曹波村大王廟地勢愈下愈窪土性鬆浮遂致塌成大灣十里之間形如弓背已成入袖之勢上年正當秋汛氾漲之時逼近城垣勢甚危險人心恐懼是以議建石壩石垛旁築攔河堰以資捍禦今各工既成河岸雖不復塌而此段河身上下數十里內中間淤灘參差相接分溜至北河勢變遷亟應妥籌鞏固須再於上游建壩將溜挑遠方可無虞隨飭該道縣與都司朱永和等反覆商議戍樓村前土性較堅壓冲無恙可藉作基拋壩挑溜第河心老灘既厚且大恐非百數十丈石壩所能挑動萬一挑溜不出激則怒生迴溜勢必倍猛新工適當其衝誠恐反受其害不可不慎惟有於戍樓村前添拋磨盤大壩二座順水勢而不攖其鋒俾得托溜外移逐漸嚙灘壩下不經迴溜自能漸生淤墊一二年後老灘刷有河槽磨盤壩亦當盤拋堅實屆時再爲相度加拋改作挑水大壩因勢利導或有河走中泓之日並將

河南印刷局印

新莊已成頭道壩上首之第二道石垛添長丈尺改爲石壩以禦迴溜將來磨盤壩抛成中間如仍嫌脫氣再行酌量加垛務期氣勢聯絡工收實效再三究論衆議僉同當飭該道督飭各員確切勘估赶爲動工查孟縣黃河本係無工因對岸鐵謝石壩所挑遂致水勢北注塌卸河岸不可勝計上年情形危險請款拋築壩垛各工該處地勢既窪又復上土下沙不能不於曹坡受患之處搶護以免續塌無已此工既成則上游挑護之壩勢在必需查察地勢土性堅實惟戍樓相宜挑壩既不敢驟築惟改用磨盤壩以緩其勢此亦河工成法但戍樓相距曹坡氣脉過長則新莊已成第二道石垛改壩之工又不可少臣周歷河涯詳加體察所有現議之磨盤壩及石垛改壩各項正如指臂相聯輔車相依誠爲必不可緩之工惟是黃河形勢變動靡常倘或大汛氾漲別生奇險此項壩工將來能否永遠得力亦不敢確有把握惟以親往查看情形參以衆論相符目前藉保完善日後進步有基舍此似無良策自當相機籌辦以妥要工而衛地方已檄飭該道督同印委各員乘此伏秋大汛未至赶緊購運石方集夫興工照議速辦合無仰懇天恩俯念河工緊要准其辦理地方幸甚

光緒二十三年因蘭儀縣境黃河南岸無工處所坐灣生險奏稱於老河身內最窪處築做攔黃土壩一道長三百二十丈頂寬三丈底寬八丈牽寬五丈五尺高一丈攔黃壩前築做土壩二道頭道土壩長九十五丈頂寬三丈底寬五丈四尺牽寬四丈二尺高六尺二道土壩長六十五丈頂寬三丈底寬五丈四尺牽寬四丈二尺高六尺頭道土壩頭外接拋磚壩頂長五丈底長十二丈二尺牽長八丈六尺頂寬五尺底寬七丈七尺牽寬四丈一尺高深二丈四尺再於磚壩外拋護碎石頂長四丈七尺五寸底長十一丈九尺五寸牽長八丈三尺五寸頂寬五尺底寬七丈七尺牽寬四丈一尺高深二丈四尺二道土壩頭外接拋磚壩頂長四丈底長十丈牽長七丈頂寬五尺底寬六丈五尺牽寬三丈五尺高深二丈再於磚壩外拋護碎石頂長三丈八尺底長九丈八尺牽長六丈八尺頂寬五尺底寬六丈五尺牽寬三丈五尺高深二丈

光緒二十四年因蘭儀縣黃河南岸河勢南圈逼溜生險奏明於新築攔黃壩上游薛家庵一帶搶拋石垛四個第一石垛牽長三丈四尺頂寬三尺底寬四丈三尺牽寬二丈三尺高深一丈六尺第二石垛牽長三丈三尺頂寬三尺底寬四丈三尺牽寬二丈三尺高

深一丈六尺第三石垛牽長三丈二尺頂寬三尺底寬四丈三尺牽寬二丈三尺高深一丈六尺第四石垛牽長三丈五尺頂寬二尺底寬四丈二尺牽寬二丈二尺高深一丈六尺

光緒二十四年十一月河南巡撫劉樹堂奏稱竊照黃河南岸滎澤縣境廣武山黃門嘴山根地處上游首受出山之水關係下游全局利害光緒十五年前河臣吳大澂任內因該處河勢南趨奏明建築柴芯大石壩一道挑托溜勢歲撥司庫銀五千兩作為歲修需請後核實報銷歷經辦理在案上年該縣民埝告險搶廂埽工十六段石壩十道石垛二十八個誠恐伏秋大汛淘刷墊動亟應講求修守復經臣遴員駐工會同滎澤縣加意修防責成開歸陳許道核辦茲據署開歸陳許道李國和稟稱查廣武山柴芯石壩下接民埝地段綿長全河側注本年伏秋汛內河勢異常盛漲上年所築石垛及石壩均形勢單不能挑溜外移因擇要於程莊上首于莊一帶搶拋護沿碎石五段以保壩工兼衛民田等情呈請具奏前來臣覆加察核尚屬實工實用並無浮冒

光緒二十五年奏准在蘭儀縣辭廟一帶拋築土芯石壩三道石垛六個並將新築第一

道石垜改爲人字壩接長加寬計土忑挑水石壩三道長二十六丈一尺石垜六個長十六丈加挑人字壩一道長十丈六尺

光緒二十五年十一月河南巡撫裕長奏稱竊照懷慶府孟縣地方濱臨黃河北岸首當西來大溜之衝向有沿河小金隄一道並護城隄十二里以障河北全局嗣因南岸孟津縣境鐵謝鎮築壩挑溜保護漢陵致使河心老灘淤墊日高全河大勢側注向北小金隄均被冲刷當於光緒十六年由前東河總督臣許振禕前護撫臣廖壽豐會奏請修補完整並添築攔河埝一道格隄一道加拋石壩四道石垜六個奉旨允准遵辦在案迄今將及十年皆得恃以無恐本年三四月間迭據彰衛懷道暨該管府縣以隄身日見坍塌河溜北圈愈啣愈近情形危險異常等情先後禀報並由該縣紳民聯名請欵修防時以工費太鉅又當大汛伊邇未便興工當經嚴飭該管府縣相機搶護又派委員查勘禀覆正在設法籌辦突於九月下旬據署孟縣知縣胡嗣芬禀稱本月十八九日河水暴漲風急浪湧直逼隄身立時冲刷等情並由懷慶府知府江槐庭同時禀報當即飛飭彰衛懷道岑春榮親臨確查去後茲據禀稱該縣小金隄爲下游府縣保障自隄外沙灘層層坍陷

河南印刷局印

隄身歲久失修已多蟄動適遭風浪湍激救護不及旋被衝卸一百一十丈寬一丈五六尺不等甚有僅存隄頂之處格隄攔河埝亦多塌陷現在隄內尚有漫水未退幸屆霜清以後水落歸槽不致成災明年春汛漲發誠恐橫流沖決波及其餘不堪設想現議力求撙節先其所急惟有將已塌隄埝隨坍加戧照舊時高寬丈尺一律補齊並在隄外擇要酌拋石壩三道石垛十二個仍恐險生不測另行購備石方以備隨時拋護之用等情請奏前來臣査孟縣逼近大河地當河朔上游關係殷南利害僅賴小金隄爲之屛蔽就目前形勢而論須將淤灘開濬引溜中行再將護城全隄迤邐加高培厚方爲經久之計現在大溜已與隄根緊逼僅照該員所擬辦法即使硪築堅實誠恐大汛湍悍一綫單隄不足以支全局惟驟議大修工費浩煩計惟修隄築壩尚爲因陋就簡一時權宜之計自應暫如所請以顧目前如蒙俞允即飭彰衛懷道遴委熟悉河工之員會同該管府縣尅日興工核實承辦奉硃批著照所請旋於二十六年四月工竣計自大王廟前托壩下首起至鎖水閘下首止共拋築石壩三道石垛十二個又小金隄補築土工三段第一道石垛頂長三丈底長六丈牽長四丈五尺頂寬二丈底寬八丈牽寬五丈高深一丈二尺第一

道石壩頂長十六丈底長十九丈二尺五寸牽長十七丈六尺二寸五分頂寬四丈底寬十丈五尺牽寬七丈二尺五寸高深一丈三尺第二道石垛頂長三丈底長六丈牽長四丈五尺頂寬二丈底寬八丈牽寬五丈高深一丈二尺第三道石垛頂長三丈底長六丈牽長四丈五尺頂寬二丈底寬八丈牽寬五丈高深一丈二尺第四道石垛頂長三丈底長五丈五尺牽長四丈二尺五寸頂寬一丈五尺底寬六丈五尺牽寬四丈高深一丈第五道石垛頂長三丈底長五丈五尺牽長四丈二尺五寸頂寬二丈底寬七丈牽長四丈五尺高深一丈第六道石垛頂長三丈底長五丈五尺牽長四丈二尺五寸頂寬一丈五尺底寬六丈五尺牽寬四丈高深一丈第七道石垛頂長三丈底長五丈七尺五寸牽長四丈三尺七寸五分頂寬二丈底寬七丈五尺牽寬四丈七尺五寸高深一丈一尺第二道石壩頂長十六丈底長十九丈牽長十七丈五尺頂寬四丈底寬十丈牽寬七丈高深一丈二尺第八道石垛頂長三丈底長五丈五尺牽長四丈二尺五寸頂寬一丈五尺底寬六丈五尺牽寬四丈高深一丈第九道石垛頂長三丈底長六丈牽長四丈五尺頂寬二丈底寬八丈牽寬五丈高深一丈二尺第十道石垛頂長三丈底長六丈牽長四丈五

尺頂寬一丈五尺底寬七丈五尺牽寬四丈五尺高深一丈二尺第十一道石垛頂長三丈底長六丈二尺五寸牽長四丈六尺二寸五分頂寬二丈底寬八丈五尺牽寬五丈二尺五寸高深一丈三尺第三道石壩頂長二十八丈底長三十一丈七尺五寸牽長二十九丈八尺七寸五分頂寬五丈底寬十二丈五尺牽寬八丈七尺五寸高深一丈五尺第十二道石垛頂長三丈底長六丈牽長四丈五尺頂寬一丈五尺底寬七丈五尺牽寬四丈五尺高深一丈二尺原築小金隄工長八百七十六丈分四段內除第一段長九十丈不計外第二段工長一百一十丈隄頂原寬二丈高八尺因河溜趨注隄身潰塌量隄頂牽寬三尺北高八尺於北面隨坦加幫頂底均寬一丈七尺高八尺與舊隄頂平合新舊頂寬二丈第三段工長三百九十丈隄頂原寬二丈高八尺歷經風雨剝削汛水冲刷量隄頂牽寬一丈二尺北高八尺於北面隨坦加幫頂底均寬八尺高八尺與舊隄頂平合新舊頂寬二丈第四段工長二百八十六丈隄頂原寬二丈高八尺歷經風雨剝削量通身殘缺牽寬九尺牽深四尺於隄面通身修補殘缺牽寬九尺牽深四尺

順治初年定黄河隄岸修築不堅一年内衝決者管河同知通判州縣等官降三級調用分司道員降一級調用總河降一級留任如異常水災衝決者專修督修官皆住俸修築完日開復本汛隄岸衝決隱匿不報别指他處申報者加倍議處如一年外衝決者管河等官革職戴罪修築分司道員住俸督修完日開復本汛隄岸衝決隱匿不報别指他處申報者管河等官降二級調用分司道員降一級調用總河不詳査具題罰俸一年如地方衝決少而申報多者降三級調用轉詳官降二級用調總河不査實具題降一級留任無論一年二年遇有衝決地方限十日申報逾限者降二級調用

順治初年定分汛防守之法每歲立春後東風解凍候水初至量水一寸則夏秋當至一尺頗爲信驗故汛水亦稱信水二月桃始華冰泮雨積川流匯集波瀾盛漲曰桃汛春暮蕪菁作花曰菜花汛四月隴麥結秀擢芒變色曰麥黄汛五月瓜實延蔓曰瓜蔓汛朔野之地山深谷邃冰堅晚泮迨至盛夏消釋方盛沃蕩山石水帶礬腥併流於河故六月中旬之水曰礬山汛七月菽豆方秀曰豆花汛八月荻亂華曰荻苗汛九月以重陽紀節曰

河南印刷局印

登高汛皆隨時長發其防守之法則統於桃伏秋三汛自清明節起閱後二十日爲桃汛自桃汛後至立秋前爲伏汛自立秋至霜降節爲秋汛汛臨之時該管官弁責令河兵堡夫加謹分防每里設立窩鋪鋪各標旗編寫字號夜則懸鐙鳴金以備搶護晝則督率兵夫撈土牛小埽以驗用遇有刷損隨刷隨補毋使坍塌至夜分巡守易於曠廢應設立五更牌面分發南北兩岸照更次挨發各鋪遞傳如天字鋪發一更牌至二更時前牌未到日字鋪查明何鋪稽遲即時拿究再汛發之時多有大風猛浪隄岸難免衝激應督令隄夫多紮埽料用繩樁懸繫附隄水面縱有風浪隨起隨落足資防護又凡驟雨淋漓易致橫決應置備簑笠令兵夫冒雨巡守此外非時客汛及十月後槽汛十一月十二月淩汛非三汛可比止令兵夫照常巡守

順治二年議准凡濬河面宜闊底宜深如鍋底樣庶中流常深岸不坍塌如無隄之處須將土運於百餘丈之外以免淋入河內遇河流淤淺即令疏濬如水溜在中兩岸築丁頭壩以束之水勢在旁順築束水長壩以逼之或排板插下泥內逼水涌刷或排小船或用勺或用混江龍或用刮板皆因地制宜不拘器具

順治十三年定濱河州縣新舊隄岸皆種榆柳嚴禁牧放各官栽柳自萬株至三萬株以上者分别叙録不及三千株並不栽種者分别參處

順治十六年議准河工各官遇有升遷降調事故將任内修防事宜造册交代離任後有隄岸衝決者該管官參處順治十六年總河朱之錫題奏兩河利害疏畧云一議建設柳園河防緊急埽料在手咄嗟之頃轉危爲安然必使生植之數常有餘於採辦之數而後可以源源相繼宜責令黄河經行各州縣印官於瀕河處各置柳園數區或取之官地或近買民田每園安置堡夫數名布種澆灌而道廳等官時時稽查秋冬驗明行以勸懲之例將數年徧地成林以濟河工且節河帑再照官給柳價每束五分既令印官責成里甲均買均運更宜申飭照地均買有柳之家聽其轉售如有包攬指索扣尅準折等弊立行揭報以憑參究一嚴剔河工弊端如工程有工力不到法式非宜如料物虚浮徒事粉飾之弊如器具儲備不預徒手莫施輿作草率不堪適用如夫役有扣尅工食有奸豪包佔有賣富僉貧有賄囑私逃之弊如料物有交修消勒有扣減價値有折乾肥私有盗用官物之弊然有在官在衙蠹地棍之不同臣以爲在官者宜責令司道府廳互相覺察如隱

諱不報治以徇庇之罪在衙蠹地棍者一如防蠹之例責成各官不時開報庶弊端可除而河工克濟也一慎重河工職守司廳係河工切要之員非淡泊無以耐風雨之勞非精細無以察防護之理非慈斷兼行無以盡羣夫之力非勇往直前無以應倉猝之機故必預選熟試果其有才有守盡心河務即許薦舉凡河官懸缺吏部陞補之日許臣歲終題薦官員內照其本等職級循序陞轉庶始終練達駕輕就熟而河防有恃更有請者河差俱以三年為滿惟會通一差一年代更恐初任頭緒不知甫得通曉而報代之期又至且恐以傳舍視之工作不堅錢糧益費亦有可慮合無準照各河差例改為三年運道河務均有裨益一交代河防職掌刻難乏人員缺代署不惟利害不切即驟然經管者解不易難免誤事相應將管河道併各府州縣管河佐貳官如遇陞降調用俱令候代離任仍將任內修防事宜備造清册傳告新官違者容臣指參庶綜理周密便於責成又申明河官當資疏畧云天下事刑名錢穀皆可以文移辦治獨河工一事非足到眼到則形勢之委曲工程之堅瑕鮮有不錯施而誤事者可見經理河事非身親不可又何暇舍己而耘人也河工官員遇有上司差遣勢不敢辭州縣佐貳忽有上司差委勢不敢辭其至有舍

河務汛地而勉強從事者猝有河變豈不誤事請嗣令河官奉委即自行具報到臣庶萬一有誤責有所歸不報即坐以營求差委之罪又照按臣考察事關大典但恐河道多故竟以修防付之老人夫役亦恐害事合無容令該轄道府代爲申明俾河事稍定准赴補考庶責成專而河防得以有恃矣

順治十七年題准修築隄岸工完令承修官出具伏秋無虞印結同册奏銷如本年衝決者即指名題參

康熙元年題准黄河隄岸衝決在一年内者參處修築之官在一年外者參處防守之官如未至一年修築官於保固限内去任防守官不爲料理致被衝決者將防守官一併參處

康熙元年十月戸科給事中史彪古奏河工官員宜久任以專責成請將沿河州縣升沿河府廳沿河府廳升沿河道員庶駕輕就熟爲久安長治之計下部議行

康熙二年覆准凡黄河大工告竣保固限滿交汛修防其工當大溜頂衝汛水長發在在險急相度情形必須每年動帑用長椿大埽修築加鑲歲以爲常嗣後歲修工程令河道

總督俟秋汛水涸時即估計具題

康熙七年五月河道總督楊茂勳疏稱黄河沙水沸騰常苦淤決每年伏秋於危險中集夫搶救名曰歲修此外近河則築縷隄稍進則築月隄稍遠又築遥隄附郭則築護城隄猶恐水勢暴横又築格隄及減水石壩以洩水勢前人良法具載紀志今沿河隄壩年久圮壞十不存一請於農隙責成沿河州縣量僱民夫按隄修築庶免臨時張皇

康熙九年題准河工衝決地方承辦樁柳等物遲緩或稱非係本汛推諉誤工者皆降一級調用不行轉催之上司罰俸一年

康熙九年閏二月工部覆總河羅多疏奏黄河兩岸令督臣委官栽柳如能於該督所定之數成活者其栽柳之人許其三年後查明册報以巡檢録用

康熙九年奏准於沿河州縣擇間散人授以委官名色專管栽柳三年分别勸懲

康熙十二年題准大工需柳先從本地採辦再有不敷於近省協濟

康熙十五年議准河道關係甚大隄岸衝決皆由修築不堅防守怠玩所致宜嚴定處分之例嗣後不得諉之水災具題黄河隄岸仍定限一年半年内衝決者經修防守等官皆

革職分司道員降四級調用總河降三級留任過半年衝決者經修防守等官降三級調用分司道員降二級調用總河降一級留任如已過年限衝決者管河各官皆革職戴罪修築分司道員住俸督修完工開復總河罰俸一年若年限内衝決經修官已去仍將經修官與防守官一同處分其年限内本汛隄岸衝決別指他處申報者經修防守等官皆革職分司道員降五級調用總河不查實具題降三級調用其餘仍照舊例

康熙十五年議准河官種柳不及數者免其處分成活萬株以上者紀錄一次二萬株以上者紀錄二次三萬株以上者紀錄三次四萬株以上者加一級多者照數議叙分司道員各計所屬官員内有一半議叙者紀錄一次全議叙者加一級均令年終題報

康熙十六年題准築隄取土或百丈外或里餘近者離隄二十丈或十五丈外每堆土六丈爲一層杵三徧硪三徧層層杵硪期於經久堅固

康熙十六年題准河工頂衝之地即以舊隄爲縷隄於舊隄之外別築遥隄以爲重門保障

康熙十七年議准河工隄岸有無衝決該督撫於年終造册報部

康熙十七年覆准河南省歲修工程暫交該撫料理俟河南大工告竣仍照舊例總河親勘具題

康熙十七年議定河南省特設管河道員一應督修挑築辦料諸務均令河道協同催趲聯銜會詳一例責成

康熙十七年議准知府有地方之責嗣後如遇衝決等事照道員處分承修兩河隄岸一應工程均限半年完工半年不完承修官罰俸一年督修道府罰俸半年再展限三月完工如仍不完承修官降一級調用督修道府罰俸一年如承修官原係革職戴罪之人半年限內不完降一級調用不准展限工程別委他官仍限三月完工不完罰俸一年督修道府所屬官員工程一年內不完降一級調用限內不完總河不題參罰俸三月若實係大工不能依限完竣令總河豫爲題明其監理廳印分管佐雜等官所築隄工合式堅固該管廳印河官出具甘結道府驗實加結申送總河勘實具題准照應升之官加二級即升原非正途者均作正途一例升遷至分管官所築隄工有一處不堅固或一二丈不豊滿合式者降一級調用兩處不堅固或三四丈不豊滿合式者降二級調用三處不堅固

並五丈以上不豐滿合式者革職監理官所轄分管官有一人議處者監理官罰俸一年二人議處者降一級調用三人議處者降二級調用四人以上議處者革職由監理官揭參者免坐如議處議叙相同者准與抵算若興舉大工附近地方官不協同設法募夫不將稭需柳草等項速買解運致誤河工者題參將州縣官降三級調用道府降一級調用凡舉劾大計將河工一併考成河道果無衝決或旋決旋修不致殃民損課者方准薦舉

康熙十八年題准搶修工程雖難預定亦照歲修例估計具題其費以五百兩爲率別項大工不在此限

康熙二十年定武職栽柳照文官議叙

康熙二十二年定河官栽株成活二萬株以上者紀錄一次四萬株以上者紀錄二次六萬株以上者紀錄三次八萬株以上者加一級多者照數議叙其分司道員因屬員栽柳議叙之例停止

康熙二十二年六月工部議覆河道靳輔奏康熙二十一年以前江南決口未堵上流不至壅滯今決口全堵除減水壩之外更無旁洩之途江南運道費如許金錢甫有頭緒若

河南亦有疏失則前功盡棄其開封歸德兩府隄工通長一千餘里或照往例撥歲修人夫興築或照近例動帑金興築查前經原任河撫佟鳳彩具題停止派夫今應動河庫錢糧修理總河豫撫會同詳定務須修築堅固得旨河工關係緊要蕭家渡決口築塞方完河南隄岸工程專令河南巡撫暫行署理如有應會同總河事情仍移文商榷勿致貽誤

康熙二十四年總河靳輔題請豁免河南堡夫課程物料從之

康熙二十四年覆准嗣後搶修工程五百兩以內者該督詳開各工細數造册彙題

康熙二十四年議准搶修工程隄岸偶被損傷該管廳官一面申報河道總督一面即運料修防勒令剋期告竣仍詳具工費繕册題銷

康熙二十九年議准嗣後加幫之隄將原隄重杵再加新土創築之隄將平地杵深數尺加土建築

康熙二十九年議准平常工程向用龍尾埽稀釘排樁一遇風浪即易塌卸均令停止

康熙二十九年議准嗣後一應石工無論馬牙梅花等樁皆用整木深釘無論面裏丁頭等石鏨鑿務極平整石灰重篩用米汁搗杵膠黏又用鐵錠鐵鋦聯絡該道廳驗看如違

揭報

康熙二十九年覆准分修工程每人有一定丈尺令總河於分修之官交界處所各立石樁上鐫修理官姓名舊隄亦立石編號鐫明舊隄字樣造册報部如有不依定式致被衝決者治罪

康熙三十一年議准河道隄面闊二丈者留八尺爲行路其一丈二尺密栽細草遇有坦坡均栽臥柳

康熙三十二年奉旨河南工程不必行總河往勘照該撫所請修築

康熙三十三年諭嗣後隄岸衝決儻河水漫決河流不移者應否免其革職止令賠修著確議定例具奏欽此遵旨議定嗣後隄岸衝決河流遷徙者照定例處分若隄岸漫決河流不移者免其革職責令賠修年限內漫決者經修官賠修年限外漫決者防守官賠修

康熙三十九年議准嗣後排樁購木令該道廳赴工驗看是否與原估尺寸相符承築之官樁用整木簽釘埽用整架鑲壓如修築不堅該道廳揭報徇隱者一併題參汛弁革究

康熙三十九年覆准嗣後隄岸衝決河流不移者管河各官皆革職戴罪勒限半年賠修

河南印刷局印

分司道員各降四級督賠工完開復如限內不完承修官革職分司道員降四級調用總河降一級留任仍令賠修其應賠工程已經奏明動帑者仍將應賠銀兩亦照賠修例勒限處分如限內不完分司道員不揭報總河不題參者皆照徇庇例議處

康熙三十九年議准凡黃河曲處挖濬引河果屬深闊倘至淤墊者該督親驗保題免其賠修

康熙三十九年七月河道總督張鵬翮奏河工事宜一隄工之宜堅築也凡加幫之隄務將原隄重用夯硪密打數徧俾其堅實而後於上再加新土其抵築之隄先將平地夯深數寸而後於上加土建築層層如式夯杵行硪務期堅固照依估定遠近土方取土加幫不許近隄取土亦不許挖傷民間墳墓該管員弁不時巡查如有前弊即將前築官參究一樁木之宜用整木也凡遇頂衝刷灣之處水勢湍激務用整木簽釘排樁整柴釘頭鑲壓以資捍禦嗣後購木到工該道廳必躬親閱驗與原估尺寸相符勒令承築人員樁用整木簽釘入地甚深埽用整柴鑲壓方能堅固永久如將木柴截用修築不堅旋修旋壞該道廳不時揭報以憑參究一埽工之宜覈實也嗣後報險呈詳一到果係險工即令動

料搶修一面估計申報以憑稽查如係假揑即以謊報參處一挑河之弊宜除也凡遇挑河之工將挑出之土盡堆於原估隄上層層夯硪成隄不許估計散土以滋堆高假河之弊如有前弊不准銷算仍復以侵冒誤工參究一夫役之宜優恤也河工夫役工成之日給與印票該地方官查驗免其別項差徭一石工之修砌宜得法也嗣後一切石工無論馬牙梅花等樁皆用堅木深釘務期極其堅深無論裏面釘頭等石皆照原估置辦鏨鑿極其平[illegible]石灰須重篩篩過多用米汁調和搗杵極其膠黏滿灌而入使之無縫不到又用鐵釘鐵鋦聯絡上下合為一體凡有石工將興備料到工該道廳先驗物料次勘工程或物料不堪短少灰米以及修砌草率立即揭報以憑參究一黃河淤墊之曲處宜取直也直則水流暢快而泥沙不淤查既河工頂衝大溜之處對岸必有沙嘴挺出此河曲之險從此曲處挑挖引河以殺水勢則對岸險工可平但挑挖引河需費甚多若挖後引水必大溜始可成河若逢緩水必至沙淤例應追賠是以人心畏懼挑挖多不如式倘嗣後虛應故事理應賠修若實心任事偶致淤墊請免其賠庶人無畏縮而河工底績矣一龍尾掃之宜停也河工工程堅固者首在石工次則密釘馬牙樁以資捍禦其頂沖大溜之

處用丁頭埽密釘大木排樁深埋入土亦屬有益若尋常工程概用龍尾埽稀釘排樁淺埋浮土究亦何益宜行停止

康熙四十年題准石工所用馬牙梅花等樁土堅之地用一木二截土鬆之地仍用一木整樁

康熙四十八年諭河防緊要不可稍忽宿遷以下有淸水入黃河得以刷沙遄行宿遷以上至河南一帶無淸水入黃河必須將兩岸隄工小心修防令水不出槽導水由槽中行無淤沙之患至於黃河發水由上源寧夏而來著陝西總督轉行寧夏同知遇黃河漲水時速報總河河南巡撫豫爲修防

康熙四十九年總河趙世顯疏稱河南隄上柳株寥寥倘遇險工盜何取用應飭州縣河官凡官地之上廣栽柳株務期成活不許奸民盜竊

康熙四十九年覆准令河南各州縣於官地內責令堡夫廣栽柳樹

雍正元年七月諭工部沿河州縣向有額設河夫自百名至數十名不等興工則倂力濬築工停則分遣巡防損者隨補塌者隨培修搶捍護俱係熟諳夫役故雖偶有衝決不能

爲患近聞管夫河官侵蝕河夫兵食每處僅存夫頭數名遇有工役臨時僱募鄉民充數塞責以致修築不能堅固損壞不能隄防冒銷誤工莫此爲甚嗣後著總河及近河各省巡撫嚴飭河道不時稽查按册覈實禁絶虛冒儻有仍前侵蝕貽誤河防者即行指名題參

雍正元年議准每年山東河南巡撫飭令沿河州縣暨管河各官將沿河官地勘明各捐貲多栽柳樹各以補柳細數呈報上司三年後該撫察覈報部酌量議敘如希圖議敘强佔民地累民者即行參究至河南舊植柳樹年久枯壞者令察看一併補種

雍正二年覆准河工鑲埽理宜畫一自本年爲始每工寬長一丈高一尺用葦柴三十八束秫稭如之永爲定式

雍正二年議准江南省浚船開明三等丈尺式樣令總河移送豫省每汛照式建造五船修理年限悉照江南浚船之例

雍正二年覆准豫省浚船額定四十柳船亦照江南之例成造二十二船

雍正二年七月部覆議得總河齊蘇勒疏稱豫省改設河兵一事令臣酌撥分給豫副總

河就近使用臣即將江南十營河兵一千名幷揀選千總三員把總三員帶領赴豫會同副總河及撫臣商定隨將所撥河兵守武陟北岸險工處所除先經題設千總二員河兵一百名堡夫一百名外今又安置河兵一百四十三名委令原設千總管轄陽武封邱二縣北岸險工處所安置河兵二百六十名派委千總唐相管轄祥符陳留蘭陽儀封四縣北岸險工處所安置河兵一百名派委千總李斌管轄滎澤鄭州二處南岸險工處所安置河兵一百四十六名派委千總劉國傑管轄陽武中牟二縣南岸險工處所安置河兵一百四十四名派委把總李應斐管轄祥符陳留蘭陽儀封四縣南岸險工處所安置河兵二百零七名派委把總張祿耿宜管轄以上北岸共安置河兵五百零三名南岸共安置河兵四百九十七名其所食江南河庫糧餉已經開除令就於河南藩庫支給將此項兵一年一換即於隄上苫蓋窩鋪令其就近棲止以便策應盡捷再武陟縣臣經題請添設千總二員河兵一百名堡夫一百名此項堡夫未便裁革應仍留以防要工其餘南北兩岸堡夫俟過秋汛水落工平再行裁汰以節工食以充兵餉應各如該督所奏先於四月以設副總河就近撥河南撫標守備一員千總一員把總二員馬步兵丁一百名聽其

差遣按季更替

雍正二年十一月副總河兵部左侍郎嵇曾筠奏謹陳管見一柳枝荻葦爲河工第一要料豫省隄園柳株歲久變枯更兼連年險工取用採伐殆盡臣查黃河兩岸瀕河處所多有新淤灘地儘可種植柳枝荻葦可否令行地方官逐一清查其未經升科之灘地或有種荻一頃或有種柳千株實能成活濟工者驗實詳報咨部官則給予紀錄民則給予頂戴榮身則人皆踴躍二三年間荻柳蕃盛而歲修購料銀兩可以漸減矣至現今一切隄佔地畝并取土挖廢坑塘合無仰請俯賜循照江南之例俟隄工告成之後行令地方官逐細查丈豁除錢糧亦留以栽種荻柳則所產愈廣在朝廷普寬大之恩小民免賠糧之累而物料所出當不減於正供所入矣一豫省原額堡夫因臣上年奉差到工往來隄上見其蹤跡寥寥有名無實且不諳畚楯下埽是以議請裁去循照江南之例添設河兵駐工防護庶爲有濟荷蒙特諭調撥江南河兵來豫修守隨經河臣齊蘇勒抽調十營河兵一千名千把總六員赴豫當由臣等擇其險要之處分派安插訖但歸德府屬考城商邱虞城三縣不敷分撥原未安兵今値冬季裁去堡夫則兵夫俱缺乏人防守似應再於南

河南印刷局印

工調兵二百名分令駐防廂工程大有裨益矣（其土方錢糧兩條見經費門）

雍正三年正月巡撫田文鏡奏言仍留堡夫以重河防該臣看得豫省酌撥江南河兵一案前准部覆除武陟縣仍留河兵一百名以防要工其餘南北兩岸堡夫秋後盡行裁汰等因隨行管河道遵照去後茲據管河道陳世倕詳稱黃河兩岸隄工綿亙千有餘里向設堡夫九百餘名令其按堡修防嗣因黃水連年泛漲隄工在在危急堡夫爲數無多不足修防搶護之用酌撥江南河兵一千名分列各隄共資防禦是河兵之設原以增堡夫之所不足今南北兩岸新建埽壩歲搶各工不下數十處若設兵裁夫則防守之人仍不足用難免顧此失彼之虞且歸德府屬之商邱考城虞城等縣並未派列河兵若裁去堡夫則數百里頂衝險隄竟無一人防覩矣伏查河臣齊蘇勒疏內稱俟過秋汛水落工平盡行裁汰但每年俱有水長水發之時非一落之後竟不長發也堡夫甫裁而桃汛即居加幫大隄又係新築之土更須巡防保護新來河兵雖捲埽下埽鑲墊打樁固所熟諳然而一年一換新舊接替本處之地形水勢未必深知至於搜索狼窩獾洞鼠穴水溝兩溜時加填補及瞭望水勢風防雨守無分寒暑晝夜是河兵又不如土著堡夫之熟悉也務

須兵夫兼用協力修防方有實效所有原設堡夫斷難裁汰再查堡夫工食又係各州縣於額設各役工食內撥給並無額外增加之項更無庸裁惟於給發工食時嚴加確核務令均沾實惠不使稍有虛冒再堡夫中如有學習椿埽鑲埧等事試驗得實者即准其補充河兵以免淮兵遠涉之勞仍招募土著勤壯之人頂補堡夫勿致額缺庶幾兵夫協力防守得宜矣

雍正三年七月巡撫田文鏡奏稱臣伏查豫省兩岸隄工關係運道民生因原額堡夫不足防禦撥江南十河營兵千名千把總六員分派險要嗣因正副總河議請裁去堡夫經臣題請照舊仍留並令堡夫跟隨河兵學習椿埽鑲築等事於每年南兵將換之時試驗得實即准其拔作河兵以免淮兵遠涉之勞但臣伏思堡夫之欲學習椿埽必須責令河兵教導而河兵之四散道遥必須分責河員董率或一月一試或按季一試內有教習勤而成就多者則給賞以獎勵之或有懶於指示怠於學習者則責治以儆戒之方克有濟臣查撥到河兵雖有千總把總爲之管轄然而官卑職小不足以資彈壓況南北兩岸隄長千里一時耳目難周約束不及至於印河各官則又文武不相統屬勿論其不能令河

兵教習堡夫即遇有險工亦多不服驅使雖有河兵之名究難收河兵之效臣愚以爲守巡二道舊有兼帶兵備之銜而撥到河兵又無操演營務之事原與堡夫不相上下應請責令管河道統轄稽查并分責各河同知董司教習如有怠惰不服者許管河道徑行責治并許各河同知會同千把總究處如此河兵必咸知法度不敢抗違而堡夫學習椿埽等事亦易於成功不過二三年內雖皆諳練明白均可拔作河兵毋庸再調南兵矣如蒙俞允惟將管河道勅書內加入此欵便可遵循矣

雍正三年十月初六日部覆總河齊蘇勒奏言黃河兩岸附近空閑官地令官民弁兵栽柳種葦議定勸懲之法其官員栽柳成活五千株者紀錄一次成活一萬株者紀錄二次成活一萬五千株者紀錄三次成活二萬株者准加一級種葦一頃者紀錄一次二頃者紀錄二次三頃者紀錄三次四頃者准加一級其殷實之民有能情願栽柳二萬株種葦四頃者准給與頂戴榮身至於河營目兵每兵一名每年栽柳一百株若不能如數栽植及補栽柳秧成活不及一半或河兵內有將附近民柳借端砍伐者即將河兵究處其專汛之千把總守備等分別查參議處俱限於冬末春初廣爲栽種次年春末夏初查驗成

活數目造册報部分别議敘仍令督撫將官民地界查勘分别不許侵佔以垂永久儻印河文武員弁希圖議敘將民地指爲官地栽植柳葦有累民居者該督撫即行題參從重治罪自雍正四年爲始著爲定例

雍正三年覆准豫省增設河官凡歲修搶修均令河汛各官專司其事儻遇緊要大工仍令沿河印官與汛河各官協同辦理

雍正四年諭賠修之例甚屬無益從來河官領帑修工豫留賠修地步以致錢糧不歸實用工程斷難堅固即幸而得保無虞而錢糧終歸入己似此情弊相習成風必照侵欺錢糧例嚴加治罪方足示懲著九卿詳議具奏欽此遵旨議定嗣後承修之官估計工程總河與該督撫分司勘明工段丈尺椿埽料物如果與所估數目相符覈實具題發帑興修如估計過多有心浮冒察出即照溺職例革職察勘之官不實心詳覈扶同徇隱即照徇庇例議處至工完之日該總河督撫分司再逐一察勘修過工程果否如式堅固與原估丈尺錢糧數目相符如工程單薄物料尅減錢糧不歸實用以致修築不堅不能保固將承修官指名題參照侵欺錢糧例分别治罪其侵欺銀著落該員家産勒限追賠所修工

程令總河督撫等別委賢員動帑修築堅固工完題銷

雍正五年諭向聞河工不肖之員有將完固隄工故行毀壞希圖興修藉端侵蝕錢糧者著該督時加察訪再有此等不法之員著即奏聞於工程處正法示衆

雍正五年諭河工追賠之項其中情由不一有該員侵蝕入己者有修築草率本不堅固易致衝決應當賠修者有當潰決之時該員豫知例當賠修而以少報多先留地步者甚至有故意毀壞工程以便興修開銷者種種弊端不可枚舉皆法所難寬但亦有經手之人本無情弊而照例則應分賠者在該員情稍可原而承追之時無力全完亦於國帑無益其如何酌量分別定例方爲妥協著九卿詳議具奏欽此遵旨議定嗣後黄河一年之內隄工陡遇衝決所修工程原係堅固於工完之日已經總河督撫保題者承修官祇賠修四分其餘六分准其開銷如該員修築錢糧均歸實用工程已完未及題報而陡遇衝決者該總河督撫據實保題亦令賠修四分其餘均准開銷如黄河一年之外隄工陡遇衝決該管各官實係防守謹慎者該總河督撫察實具題止令防守該管各官共賠四分內河道知府共賠二分同知通判州縣守備共賠分半縣丞主簿千總把總共賠半分其

餘六分准其開銷其承修防守各官皆革職留任戴罪效力工完之日准其開復儻總河督撫保題不實照徇庇例議處仍照定例勒令分別還項

雍正五年議准豫省河工祉夫名色永遠禁止

雍正五年覆准河工辦料百萬斤限十日二百萬斤限二十日照數遞增並令依限交工如逾限不完將承辦遲延職名題參

雍正五年議准黃河南岸劉家口埽工歸商虞二縣就近管理

雍正五年議准令河南沿河州縣等官檢稽地册會同廳汛將現存柳園並從前坍塌及新淤地畝逐一詳勘丈明立界如有隱佔撥補還額廣爲栽種

雍正五年二月諸王大學士九卿會議柳束係埽料必需之物豫省向有柳園若干現今坍塌若干應行巡撫責令沿河州縣等官將現存柳園并從前坍塌及新淤地畝逐一查丈立界嚴督河員廣爲種植二三年間不惟秫稭可省抑且埽料足用

雍正五年二月諸王大學士九卿會議副總河嵇曾筠奏稱沿河州縣官有嫻熟河務者准令河臣會同撫臣保題陞調河工道廳其河工廳汛官有才守兼優者亦准令河臣會

同撫臣保題陞調沿河府州縣僨徇情陞調貽誤地方河工者除將該員照例治罪外仍將保題不實之上司照濫舉匪人例議處又稱豫省隄工向曾調撥江南河兵一千名分派防守嗣經奏明將兩岸堡夫仍留學習椿埽如果熟諳拔充河兵將南兵發回原汛以免跋涉今應於堡夫內逐漸拔補足額即將南兵逐漸扣除發回其撥來之千把總六員亦應發回本汛不便久留豫省應請專設千總二員把總四員分隸開封府南岸河廳管轄至歸德府通判汛內應將原設武陟千總二員內調往一員分撥河兵一百名移駐歸德各工交與該弁管領應如所請仍飭各廳嚴加約束又稱豫省大隄舊制每二里設立堡房一座以便堡夫棲身修守因年久塌毀十無一二前南兵到來竟無地容身仍照舊制行令地方官建造每座約銀三兩即於節省項內動支報銷又臨河月隄居其大半堡房未設防守無人應如所請著地方官亦如前制建造堡房其堡夫既稱不必另設即於河兵一千名內酌量調撥防守月隄仍將造過堡房查明報部題銷又稱開封府祥符縣隄長八十里止有縣丞一員近日險汛下移祥符一帶工程更爲險要應將開封府南岸添設主簿一員於開封府下北河地方添設巡檢二員一駐祥符陳留適中之地一駐蘭

陽儀封適中之地如遇險工協同臨汛募夫辦料竭力搶護所有一切逃盜事宜令其稽查其祥符等處北岸太黄隄一道併令該員管理修築應如所請酌量提補其係工等項令河南巡撫酌議題奏又稱江南黄運兩河凡遇歲搶工程俱有柳船載料撥運今豫省上自武陟下至虞城歲搶二工撥運無船不能濟急應如所請照依江南梭船寛長丈尺式樣每汛造船五隻給發各汛河兵運駕看守如河兵不勤照管致有損失著令該管廳汛賠修

雍正五年二月部覆議得河南巡撫田文鏡疏稱豫省南北兩岸大隄關係運道民生極爲重大河性遷變不常當汛水長發之時素稱平易者忽成險要宜暫用民力每歲於夏至後將凡有田地村莊相離大隄一二里者集公所各照佃戶多少認夫幾名偶有急工隄上鳴鑼爲號各照所認名數無分雨夜赴工搶護工完立散若非計日可竣之工按名給與工食在於搶修項下核實開銷詢據紳士僉稱出一時之犬力享萬載之安瀾並無不便之處輿情允協儻非汛水長發之時亦非忽成險工之處河印汛委各員藉此冒銷工料擾累里民幷令紳士富室佃戶用錢買脫派及一二里外無力窮民者查出即行題

叅革職究擬庶幾行之無弊於隄工不無裨益矣均如所奏遵行可也

雍正五年閏三月巡撫田文鏡請於河北彰衛懷三府復設守道一員統轄三府稽査吏治并責巡防仍照管河道之例加以兵備職銜將河北一帶隄工埽壩廳汛各員河兵堡夫并一應錢糧令就近督率修防部議應如所請

雍正五年議准月隄離河甚遠者就近圈以套隄甚長者上下截以遥隄作重門保障

雍正五年覆准黄河大溜頂衝及埽灣之處逼河涯汕塌近至隄根當多募人夫廣用鍬將臨河隄涯受衝處所砌成斜坡復伐取密葉大柳懸於坡上以禦急溜

雍正五年議准河工修防全在臨時審度應探水勢之淺深酌量用埽之大小層路之多寡籤樁之粗細加鑲之寬厚隨時覈定

雍正五年議准沉水大埽並埽上加鑲每長一丈用秫稭三十八束水淺防風每單長一丈用秫稭三十束土半方

雍正五年諭黄河下埽之人辦理工程不惜身命當照軍功例定以恩卹欽此遵旨議定嗣後黄河下埽之官兵如在事遭險入坎幸生者照軍功保守在事有功例官加一級兵

夫以一等軍功傷例給賞身故者官不論銜級大小照軍功陣亡例以現在職分准廕加贈給祭葬銀外委官并以及兵丁夫役亦照軍功陣亡例分別給以祭葬銀如無親族者照例委官致祭

雍正五年議准河工鑲埽每寬長一丈高一尺柴工用柴三十八束柳工用柳二十八束均壓土五分如水勢深涌於鑲埽之上簽樁一根又定龍尾埽每長十丈高一尺用柳十八束等柴十八束小緶百條每條重六斤

雍正六年諭副總河專理北河總河兼理南北兩河之事今朕欲分任南北兩河又思治河之道必合全河形勢通行籌畫方可疏導安瀾若分令兩人管理亦有推諉掣肘之處著詳議具奏欽此遵旨議定河之南北因地而分其原委分流本屬一貫河臣雖分兩人而河事應如一體請授總河爲總督江南河道提督軍務授副總河爲總督河南山東河道提督軍務分管南北兩河其有江南河東修理工程令公同商酌會稿具題儻遇緊要搶修一面堵築一面知會不得藉會商爲名以致遲誤工程至題補河官及奏銷錢糧等事仍令分辦

雍正七年七月諭內閣黄河隄岸乃運道民生所關最爲緊要工程報竣例應歸汛修防而額設河兵堡夫止能修補水浪衝激之區防備臨險搶護之用至於隄身一年之內風雨淋漓車馬踐踏漸至侵蝕者亦勢所必有而隄遠工多不能責諸寥寥夫役朕留心訪察已久又復詢問通曉河工之人知故明總河潘季馴每歲派夫加高五寸載在河防一覽即從前河臣靳輔亦有每丁一名招募幫丁四名給以隄內空地耕種免糧歲令加土五寸之議與朕計慮之處實相符合朕思隄工雖千有餘里若按丈每年加修五寸計費不過三四萬兩著南北兩河督尹繼善嵇曾筠悉心商酌具奏至於州縣派夫鋼敝久經嚴革而募丁給田之說亦不可行其每年歲修之費或動用藩庫帑金或於沿河州縣應解公用銀兩內就近支給若有不敷仍於藩庫撥補亦著河臣一併定議具奏

雍正七年八月河東總督田文鏡奏稱雍正七年七月二十一日准總河臣嵇曾筠咨內開欽奉上諭黄河隄岸乃運道民生所關最爲緊要年來增卑培薄幸慶安瀾獨是工程報竣例應歸汛修防而額設河兵堡夫只能修補水浪衝激之處防備臨險搶護之用至於隄身一年之內風雨淋漓車馬踐踏漸致損壞者亦勢所必有而隄遠工多不能責諸

寥寥兵役也朕思隄工雖千有餘里若按丈每年加高五寸計費不過三四萬金儻置之不議一年剝削四五寸合十年而計之其所費之多恐有不止於加修之數者況河流漲漫不時難以預料何若逐年增修保固爲未雨綢繆之計也朕意如此其果否有益之處著南北兩河總督尹繼善嵇曾筠悉心商酌詳確定議具奏欽此臣查豫省黃河兩岸隄工荷蒙聖諭發帑金指示修築是以一律高堅完固臣有兼理河道之責時時飭令管河各官敬謹料理如車馬往來另有道路不在隄上行走不致輪蹄踐踏損傷其雨淋殘缺水溝浪窩則令兵夫隨時修補毋許稍緩若新修之隄其頂面兩旁尚未有草根盤結風吹雨淋不免侵削則於霜降之後兵夫工閒之時各就所管之工逐日擡取細土塡墊豐厚夯硪堅實日積月累由少成多帑不費而工自固也況豫省所築隄工有逾四五年者有逾二三年者在工人員各就土性所宜種草固隄現今草蔓叢生盤結堅固若加幫新土必須劃去隄面草根方與舊土膠結草根一去新土鬆又不如舊土草根盤結之爲堅實適河臣嵇曾筠到省臣即與面商嵇曾筠深以臣言爲然隨令管河道河北道等各將南北隄工親加查丈據稱現在丈尺較之原估均屬相符是豫省隄工一律高堅並無卑

河南印刷局印

陵處所似毋庸歲加五寸槪議增修也惟豫省額設河兵一千名緣上年添造浚柳船隻即於河兵內挑選三百四十名現在河兵只有六百六十名不敷力作且河兵簽樁下埽往來調遣未能專守隄岸今查豫省現在堡夫一千五十八名專以守堡修隄爲事臣擬添設堡夫三百四十名分派兩岸力作修防以補河兵之數臣亦與河臣嵇曾筠面商所見相同臣伏思兩岸隄工關係緊要命河臣酌議歲加五寸原恐風雨淋漓車馬踐踏漸致損壞額設兵役不能修補之故今豫省隄工既無車馬踐踏損傷而雨淋殘缺又隨時修補現今一律高堅臣擬請停加修隄工止酌議添設堡夫則力作多人即偶有雨淋殘缺修補更易而隄工日益鞏固國帑不致虛糜矣

雍正八年覆准豫省堡房五百十有二座如遇州縣升遷事故令其造入工程錢糧册內

雍正八年議准豫省河工增設堡夫三百四十名

如有破損照不修磯臺烽墩例議處

雍正十年議准歲修工程應編列字號開明起止段落長闊高厚尺寸造册報部至搶修別建之工交汛修防應附入歲修者於題估册內預爲聲明

雍正十一年議准河工需用石料雙料面石裏石寬厚均一尺二寸單料面石裏石寬一尺二寸厚六寸河甎寬五寸厚三寸三分長一尺二寸

雍正十二年議准黃河一堡二夫寒暑兩月免其積土每月積土十五方該管汛官各將堡夫所積舊土報明備案以雍正十二年正月爲始每名每月如數擡積造於新土册內彙報並入交盤以專責成

雍正十二年議准河兵於霜降後工務稍閒計兩月日期照堡夫例每兵二名每月積土十五方儲於隄工備用造册入於該管備弁交代項下如有缺少照堡夫積土之例分別參處

雍正十二年議准黃河堡夫挑積土方不及數者專汛文官罰俸一年該管廳官罰俸六月挑積不及半者專汛文官降職一級留任趙挑該管廳官罰俸一年兵丁挑積土方不及數並不及半者專管汛弁及該管將備議處亦如之

乾隆元年議准河南省豫河懷河二營河兵千一百名內原撥看守濬柳船兵三百四十名撤回各歸本汛修防其濬柳船別行募夫

乾隆元年奏准嗣後歲修搶修鑲埽工程須用土方河兵擔運十分之四夫役擔運十分之六

乾隆二年諭河營內有樁手一項下埽簽樁厥危蹈險較之力作兵丁更爲辛苦前江南二十河營兵丁改爲戰二守八俾樁手均食戰餉以賞勤勞而河南山東尙循舊制所當照江南之例一體加恩者著將河東二省河兵亦改爲戰二守八使效力較多之樁手得食戰糧以示愼重河防優恤戎行之至意

乾隆三年覆准豫省承辦秫稭交工時令附近不管河工之同知通判驗收

乾隆三年奏准嗣後山東河南印河文武官弁於沿河官地內有能捐貲栽成小楊五百株者紀錄一次千株者紀錄二次千五百株者紀錄三次二千株者加一級其沿河居民有情願出貲在官地栽成二千株或在自己地內栽成千株者給以九品頂戴榮身每年

河南印刷局印

春間栽種次年秋間覈驗栽成數目題明議叙楊樹交汛官收管如栽成不及議叙之數令其次年補栽併算

乾隆三年議准河南省商邱虞城三汛隄工應清界址虞隄自一堡至火神廟止長千有五十丈五尺改撥商汛與商隄相接商隄自五虎廟東埠口至蕭家莊止長千有九十一丈改撥虞汛與虞隄相接曹縣越隄一段長一百八十八丈東九十四丈改撥虞城上汛西九十四丈改撥商邱汛則工段聯絡便於巡防

乾隆四年三月總河白鍾山請歸德府屬添設管河通判一員將虞城與江南碭山縣交界起上至商邱縣頭堡止隄埽各工俱令新設之通判分管與江南新設之蕭碭通判彼此關會相機辦理其原設之歸河通判改爲儀考通判專管儀封縣隄埽各工與考城縣河道工程開封府下南河同知專管祥蘭陳三縣河道工程部議應如所請

乾隆五年二月總河白鍾山請曹州屬添設曹儀通判一員專管曹縣曹家莊起至儀封縣與蘭陽縣交界止河道工程聽山東河道河南河北道各行督察如有參劾事宜督臣會同山東河南巡撫一體考察河南下北河同知仍令專管儀封以上至祥符縣與封邱

縣交界止河道工程部議應如所請

乾隆五年議准河工各廳汛可以增辦蘆葦者飭令河官增辦應用河灘地內可種蘆葦之處勸民栽種以資應用

乾隆五年議准嗣後沿河州縣地方官有能勸民在沿河坑窪沮洳不宜禾稼地內種葦二百頃以上者紀錄一次四百頃以上者紀錄三次六百頃以上者加一級八百頃以上者加一級紀錄一次數多者照數遞加議敘

乾隆五年議准豫東二省額設柳園地畝如有坍缺即於次年新淤灘內民人未經認墾領種以前詳報咨部按數撥補每五年一次飭令印河各官公同查丈將原存柳地若干坍塌若干已補若干取具冊結送部查覈如何官將坍地以少報多印官不將新淤地據實報明以及占用民地指為官地有累居民者該河督據實參處

乾隆五年議准抑勒栽葦或所栽葦地以少報多者照官員勒民開墾地畝以少報多例州縣官皆降一級調用

乾隆五年議准嗣後州縣官所屬境內有可栽葦草之地勸諭不力計十分之地栽植不

及三分者該督撫指參罰俸六月不及二分者罰俸一年不及一分者罰俸二年二年內栽植仍不及數者降一級住俸至三年內仍有不行栽植者降二級留任

乾隆五年議准葦柳乃河工必須之料令將柳樹數目葦蕻地畝一併造入交盤冊內再豫東二省全用楊樁各汛報栽成活楊樹交與該管廳官不時稽查造入交盤如有短少詳參著落補栽成活足數者開復

乾隆六年裁懷慶府沁河通判將所管隄工歸黃河同知管理

乾隆六年裁豫省濬船四十增柳船四

乾隆六年裁豫省濬船長夫四十名

乾隆七年五月總河白鍾山覆奏疏略所屬廳汛各缺無論舊設新增逐一清查詳加酌議其中有可以裁併者如懷慶府沁河通判一員陽武縣縣丞一員皆係舊設但事簡工少所當據實請裁至新設各缺如河南河北道係題請復設原非新添今彰衛懷三府俱在黃河北岸與直隸山東山西三省接壤地方遼闊又當南北孔道必得大員巡守稽查官員勸惰倉庫錢糧盈虧數百里河道防護催辦夫料查工核帑北岸止有該道一員未

便議裁懷慶府黃河同知經管武陟榮澤二縣黃河二處工程實關緊要況現將武陟沁河埽工歸於該同知兼管更爲黃沁兩河最要斷難議裁開封府添設同知二缺係在南北兩岸與舊設之同知二員上下分管各有一百數十里至二百餘里不等其中險工林立在南岸者則關省城在北岸者則關運道實屬緊要未敢輕議裁併新設儀考通判曹儀通判二缺因舊設之曹州府黃河同知歸德府管河通判所管隄工俱黃河下游各管工程二百七八十里相隔遙遠大汛水漲工險之際倉猝奔馳不及是以添設畫地分防責守始專今如裁汰仍歸舊設之員實難周顧添設祥符主簿一缺查祥符南岸隄工八十六里汛長工險舊設縣丞一員不能照管是以添設今縣丞現有要工如裁併一員勢必顧此失彼祥陳巡檢蘭儀巡檢雖分管隄工無多但此二缺原因地方印捕各官俱在南岸北岸地方於直隸山東毗連民俗刁玩自添設以來地方河工俱屬便宜未便裁汰武陟縣沁河主簿一缺查沁河水性猛烈與黃河相等該縣舊設縣丞一員係專管黃沁兩河工長八十餘里皆係險要勢難再管沁河且現將沁河通判裁汰則沁河工程專責該主簿一人仍裁併縣丞分身無術實在不可裁汰

河南印刷局印

乾隆七年議准陽武縣縣丞所管黃河兩岸隄工歸併鄭州州判管理裁陽武縣縣丞

乾隆八年議准堵築河口皆水深溜急須先用鐵錨纜盤築埽臺猶恐水激搖動如細長麻繩兜纜拴繫並用長大楊椿梅花簽丁按層鋪土搥壓庶免滲漏援下丁頭埽除例用工料外加用粗長滾肚揪頭麻繩拴繫橛椿上加鑲墊背後接築土隄以資堵閉

乾隆十三年工部議覆河南巡撫碩色疏稱江南桃伏秋凌四汛要工不絕且險要處相離甚近河干無業之民千百成羣以做工爲生所以一呼而集豫民散處務農工程稀少一年徵調不過二三處即地方官按里徵發猶慮遲誤而廳汛專司抵禦豈能分營調遣但工有緩急夫有多寡今議凡遇冬春農隙緩工及零星添補廂修照江南令工員自僱儻遇緊要險工在四汛內以及創隄閉河搶護緊急用夫浩繁者俱飭令州縣飛撥赴工其一縣力不能任者仍於鄰邑協濟調夫之中向有里夫牌夫之分里夫派之地畝牌夫按烟戶簽撥因猝遇險工簽撥里夫一時不能雲集先撥沿河煙戶應役俟里夫撥到更替以免偏枯至於到工計方發銀必須工員按名核計不得委之僱頭里總致扣侵蝕不致要工有誤亦不慮小民受累應如所題

乾隆十五年議准嗣後開濬河道以領帑日爲始限十日興工須厚水築隄者准於限外酌量半月計土千方限半月竣工數多者准此加展修建橋牐隄壩等工均限兩月興工工料數百兩及千兩者以興工日爲始限三月三四千兩者限四月各竣工其工料自五千兩及萬兩以上者如平易工程亦限四月竣工果工程險要不能依限告竣者准於估報册内預爲聲明酌展限期違者皆交部嚴處

乾隆十七年六月諭軍機大臣等前因蔣炳查看黄河隄工情形奏稱河底受淤向無疏濬之法惟有將兩岸隄壩加修高厚等語朕批示此雖無法然兩岸益高束水牆上之策未有不僨事者仍應悉心講求取直去灣俾自行刷沺之法爲庶幾耳究之蔣炳所奏原非目下有急應辦理之河工不過因勘河工爲此常談之論而朕之所批亦不過統論治河之道加高培厚不若取直去灣庶此後應作工處俾知有所遵守非令其於此時别開取直去灣之引河也今顧琮蔣炳乃會奏於祥符汛十九堡對岸看得引河一千七百餘丈蘭陽汛耿家寨對岸看得引河一千三百餘丈均應開挖請於霜降後遴員分段趲挑等語則是因朕批而生新工矣黄河水勢無常所謂取直去灣不過因勢利導耳若欲於

河底開挖引河以待來年汛水開放夫引河有幾許寬深遂能容受全河盛汛乎汛過即於工費徒爲虛擲此理甚明人所易曉顧琮等所奏霜降後興工開挖引河之處竟不必行著大學士高斌於秋汛過後河務稍暇赴豫查勘是否應行開濬或不必挑挖詳悉審度具摺奏聞

乾隆十九年十二月部覆總河白鍾山條奏廣栽柳樹如有勤捐無術培養失時致有枯損缺少一千株以上者將廳官一併查參議處應幾廳官汛員均有考成又監生捐栽楊柳在官地內栽成四千株及自己地內栽成二千株者免其考試給與主簿職銜應如所請

乾隆二十一年諭黄河兩岸當夏秋水勢盛漲之時往往刷成支河若不於水落時即行堵築一遇水發則就下之勢必衝突奔溜於河防農田均有關係向時之陽武近日之孫家集皆其明鑒也嗣後該總河等應督率廳汛逐一查勘實力堵築於次年桃汛前完竣其有承辦不力者將該員查參交部議處其作何分別勸懲著河道總督會同督撫詳議具奏

乾隆二十二年七月部覆兩河總督尹繼善總河白鍾山張師載等覆奏稱江南山東河南等省黃河兩岸灘地冲刷支河每年於霜降水落之後廳營各官即將各汛內灘地冲刷支河幾道長寬深淺丈尺若干應築土壩幾道高矮長寬丈尺若干逐一親加確勘移會地方州縣印官覆勘核計土方數目先儘兵夫力作將額積土方分派兵夫堵築如兵夫額土不敷地方官即撥民夫堵築統限霜降後一月內會造清册詳道核轉定限於次年春融興工務於桃汛前如式完竣結報該管河道親驗轉詳永爲定例經過伏秋汛後如廳印各官所築土隄堅實漫灘之水足資抵禦並無坍塌者驗明確實照修築隄岸已有成效例加一級二年內亦能無誤加銜一等三年內始終無懈於河道實有裨益該督撫保題到日以應陞之缺即用其營汛各官所築土隄堅實漫灘之水足資抵禦並無坍塌驗明確實兵部亦照文職修築隄岸已有成效例准其加一級二年內亦能無誤加銜一等但查武職虛銜已經奏明刪除所有應加銜一等者改爲隨帶加一級三年內始終無懈於河道實有裨益該督撫保題以應陞之缺即行題補如廳營各官於水落後不即親爲估計移會印官覆勘或印官推諉不即查勘堵築及桃汛前不能完竣者即行查參

河南印刷局印

照隄岸預先不行修築例經管官降一級調用該管官罰俸一年總河罰俸六個月至堵築不堅致有坍塌及冲突奪溜情事亦即查明承築各員揭參照管築隄工例有一處夯杵不堅盛水即漏併有一二丈不豐滿合式者降一級調用有二處夯杵不堅盛水即漏併有三四丈不豐滿合式者降二級調用有三處夯杵不堅盛水即漏併有五丈以上不豐滿合式者革職監理并兼管營汛各官所轄分管官有因築隄不堅固合式一員議處者罰俸一年二員議處者降一級調用三員議處者降二級調用四員以上議處者將監理并兼管營汛各官革職如議敘議處相同准予抵算如係監理并兼管營汛各官揭參免其連坐又稱該管河道親驗轉詳與河臣核題若不定以限期恐遲延亦所不免請於每年九月後該管河道驗明上年所有支河堵築土壩經歷伏秋大汛如果堅實完整者即取結具題議敘如有承辦不力以致冲突坍卸奪溜者即詳請題參河臣核明具題如有遲延聽部議處又稱黄河兩岸有隄係豫省廳營管轄而內外民田隸東省者亦有隄係東省管轄而內外民田屬豫省者該地人民往往呼應不靈而地方官與廳員亦因隔屬遂多膜視嗣後隄工內外居民無論本省隔省如有需用修防之處即知照地方官一

體調撥儻民人違抗以及地方官㑹應俱分別究參各事宜均應如所奏俾於河防農田兩有裨益

乾隆二十三年四月總河張師載奏准兩省河臣每年或九十月或二三月先期咨會乘查勘工程之便會於連界地方將應修應浚工程凡有交涉者務須詳加商酌如應會勘即行會議具奏儻猝遇險工本汛料物不敷就近於接壤廳汛內撥用工平之後再行撥銀買補通融辦理

乾隆二十三年裁豫省黃河柳船二十六隻

乾隆二十三年諭豫東黃河大隄相隔二三十里河寬隄遠不與水爭乃民間租種灘地惟恐水漫被淹止圖一時之利增築私埝以致河身漸逼一遇汛水長發易於衝潰隨注隄根即成險工不知隄內之地非隄外之田可比原應讓之於水者地方官因循積習不加查禁名曰愛民所謂因噎而廢食者也著交與河南山東巡撫嚴飭該地方官曉以利害嚴行查禁俾小民知所顧忌不許再行培築地方官不實力辦理及廳汛員弁明知徇隱即行參處嗣後如有仍沿積習爲害河防者惟該撫等是問

乾隆二十四年七月總河張師載條奏一黃河月格等隄內外宜廣爲栽種也黃河兩岸月格等隄內外以及沮洳阬塘一體飭令各該地方官勸諭民人廣爲栽種蘆葦以資工料其有情願報捐者確查成活數目分別造册咨部照例議敘如或不願報捐令本主自行栽種給價交工至本主力不能栽情願捐爲官地者廳汛地方各官或另勸他戶或自行捐栽其捐出地畝額徵丁地錢糧令地方官查明詳請具題准其豁除再民間納糧地畝如或不願栽種蘆葦亦不願捐爲官地者俱各聽從民便並令飭令各該地方官不得勒派栽捐一兩岸灘地支河宜勸民栽種也堤內支河廣種蘆葦務期實力奉行俾得蔓延暢茂盤結隄根既可充裕工料並可以藉以攩禦汛水應於工程錢糧均有裨益一河工歲辦料物宜葦稭兼收也民間如有應交料物令其葦稭並交各照成規給價仍令出示嚴禁毋許胥役人等尅扣侵肥藉端滋擾儻有短價累民等弊查出嚴參照例議處一年遠廢隄宜勸栽楊株也黃河兩岸既有大隄月隄重門捍衛尚有年久廢隄離河甚遠無資障禦均可栽種楊柳以裕工料除責令兵夫每年栽植額柳外勸諭官民捐栽俟成活之日驗明造册咨部議敘一民人捐栽楊葦宜酌示優異以爲鼓勵也民人栽種楊葦

如不及議敘之數者准其次年補栽地方官先行查驗收管申報河督存案俟三年之內能在官地栽成小楊二千株已地栽成一千株及種葦四頃者造册咨部議敘給與九品頂戴榮身間有沮洳不能栽足額數民人在官地栽楊五百株栽足葦二頃在己地栽楊二百五十株栽足葦一頃果能成活者飭令道府廳州縣等官酌量分別給匾獎勵其印河各官捐栽楊葦仍照舊例辦理毋庸更張其栽楊種葦各戶免派差徭按照多寡酌定年限分別辦理

乾隆二十四年議准豫東黃河兩岸隄內隄外以及沮洳阬塘官地少而民地多責令地方官勸諭民人栽種蘆葦其有情願報捐者按照成活數目照例議敘如或不願報捐令本主自行栽種給價交工本主力不能栽情願捐爲官地廳汛各官另勸他戶捐栽其捐出地畝額徵丁糧豁除如不願栽種亦不願捐爲官地各聽民便不得勒派擾累兩岸灘地支河責令地方官勸諭民人廣栽蘆葦俾得蔓延暢茂盤結隄根既可充裕工料並可藉以攔禦其河工歲辦料物飭令地方官曉諭民間令其葦稭並交各照成規給價儻有短價累民查出嚴參議處至黃河兩岸廢隄兩面坦坡循照向例勸諭官民捐栽楊樹成

河南印刷局印

活之日驗明議敘豫省並無湖泊皆係民人承種地畝責令地方官勸諭民人栽種楊葦有在官地栽楊五百株葦二頃已地栽楊二百五十株葦一頃給匾獎勵免本年差徭官地栽楊一千株葦三頃已地栽楊五百株葦二頃給匾免兩年差徭如統計三年之內能在官地栽成小楊二千株已地栽成一千株及種葦四頃者咨部議敘給予九品頂戴榮身免五年差徭○按部議獎勵與張鵬翮所奏畧有變更故並錄之

乾隆二十八年奏准豫省河內縣民修堨堰工程酌撥孟縣河兵十名令分防外委帶領移紮該縣天師廟工所協同縣丞督率民夫修守防護

乾隆二十九年奏准嗣後河工辦料責成道員查驗將每年派委地方佐雜監收查驗之例停止

乾隆二十九年奏准豫省河道溝渠每歲農隙派道府大員親勘籌辦

乾隆三十年江南河道總督李宏奏稱臣勘核黃沁上南等廳工料順赴上游等處查勘奏明在案臣經歷河南陝州復由孟津渡河而北至濟源懷慶輝縣各府州縣審察河勢源流並歷年水浪大小查得黃河發源星宿海自積石以下至陝州之龍門底柱兩岸

崇山高岸河不爲患底柱以東峭壁横河水從石出名曰三門總而計之寬不過七八十丈門鎖洪流勢甚湍急至孟縣兩岸漸無山岡河面寛闊約計數里北岸之武陟縣南岸之滎澤縣始有隄工防衛北有丹沁兩河由武陟縣木欒店匯入黃河南有伊洛瀍澗四河由鞏縣洛口匯入黃河源遠流長河面亦寛每遇雨多水發亦俱挾沙而行勢甚浩瀚故南岸廳屬之胡家屯楊柳橋等處溜勢忽來忽去最爲緊要迤下各廳河道順軌東流惟因土性虛鬆逢灣掃刷究之臨河工段有限若黃河與沁洛之水先後長發則大河儘可容納易於修防若黃河與沁洛之水同時並漲則大河漫灘兩岸工程節節均須防護乾隆二十六年七月沁洛等河長水一二丈水頭甫至寧夏又三次報長水丈餘同時並下勢若建瓴兩岸處處受險者職此之故本年夏閒伊洛等水並未長發六月初十日寧夏長水至五尺二寸已在沁河水發之後維時三門以上陝州城外臨河之萬錦灘亦長水三尺五寸而下游各廳僅報長水數寸至尺餘不等道遠流微又有三門關鎖是以水勢遞減工程堅固又其明證此豫省黃河之情形也臣伏思黃河來源兩岸山溝汊港匯歸入黃河之處衆多俱在三門以上若三門以下沁洛二支伏秋水發實增黃河水勢之

河南印刷局印

二三是上游長落大小實關工程平險不可不一體留心以資防衛今查三門係黃河出入之區鞏縣城北洛口爲伊洛瀍澗入河總匯臣已咨明撫臣飭陝州鞏縣各立水誌每年桃汛日起至霜降日止水勢長落尺寸逐日查明登記據實具報其沁河水勢雖由黃沁同知查報但水誌不得其地長落尺寸恐難定準並令該同知在木欒店龍王廟前別立水誌按日查報如伏秋汛內各處水勢遇有陡長至二三尺以外該廳州縣即汛速具報並查寧夏之例一併飛報江南總河如此上下關會司河之員咸知長水尺寸日期相機修防於工程有益又查濟瀆在濟源縣城西北三里濟瀆廟後泉出涓流不大匯漭河之水由孟縣迤東以達黃河岸高河低有濟無患又大丹河發源於山西高平縣至河內縣之丹谷口築有攔河碎石壩遏大渠河之水使由小丹河歸衛濟運壩下設有九堰分爲十九堰石隙洩下之水聽民灌田名曰九道堰乾隆二十四年前河臣張師載曾經奏明於碎石壩下丹河尾閭附近沁河之處歲築土壩一道攔遏水勢今臣細加察勘碎石壩下十九河渠錯出分流甚衆並未全由大丹河歸沁下游土壩不能攔遏徒費民力無益於事此後應停其修築每年春夏之時惟將碎石壩培築高厚以防水衝刷卸其壩底

洩水較多之堰用草土塡塞嚴密並將斗門以下小丹河不時查看遇有淺窄之處隨即疏濬深通務與進水斗門一律俾水暢達衛河以收實益

乾隆三十一年議准沿河附近印河文武員弁民人捐栽楊樹終未得用將原定議敘之例停止嗣後責令管河佐雜會同沿河州縣在所屬官地擇非鹽鹼之地無拘定數儘地栽植並令該管道員不時查點如有不加意修培養者分別嚴懲枯槁者勒令賠補倘有推諉不種玩視工需揭報參處

乾隆三十二年奉旨前經降旨令河員一體迴避原籍茲據總河奏請將河南山東兩省河工人員彼此酌量調補朕意各該省河工員數多寡不均即酌量對調難於恰當而其中酌調江南河員一節視他省尤不免更費周章蓋南河額缺本繁若撥往北省惟河南山東毘連各處情形猶不甚相懸至以直隸工務相較南北不同辦理轉恐未能妥協此等人員專管河工非地方有經理民事者可比但不至近鄰鄉里與親故難以避嫌其於職守官方原無隔礙嗣後凡河工同知以下各員有官本省而距家在二百里以外者俱准其毋庸迴避如此則工員不至移調紛繁而河務亦可駕輕就熟著各該督妥協籌辦

具摺奏聞

乾隆四十一年奏准豫省大河兩岸兵夫堡房中間添建民夫堡房交汛收管

乾隆四十六年諭兵部議覆抽撥南河椿埽兵丁移設河東以供要工力作各緣由一摺已依議行矣各省武職名糧現在交各該督撫查明俟奏齊交部另行覈辦議給養廉其所扣兵餉俱當挑補實額歸伍當差但河南爲腹裏近地今所有之原額似足敷差防而南北兩岸河隄道路綿遠所有豫省名糧改歸實額兵丁或盡行增入河營或撥十分之七八以資不足於防護河工實爲有益著覈議具奏欽此遵旨議定扣存養廉名糧歸數添作河兵以資防守並添都司守備等官

乾隆四十六年諭河灘地畝居民開墾日久必致壅塞河身於河道甚有關係且居民廬舍占據灘地猝遇水漲之時勢必淹浸於民居亦多未便因特降諭旨令確加履勘其隄外地居高阜者仍聽照常居住耕種若占居隄内於水道有礙即行明切曉諭俾陸續遷徙並令該督撫等妥爲經理毋致貧民失業但此事當爲之以漸持之以久因思灘地居民墾地結廬已非一日小民自謀生計亦必非當衝刷灘地聚居墾種若偶然河徙衝刷

是伊自取即水退亦不可復令居住若其目前無事不免安土重遷且河隄以外均屬民田亦無隙地可以遷徙所有舊居隄內灘地無礙河身者民人已經築室藝植仍加恩准其各守舊業毋庸押令移居以副朕厪念窮黎之意至此後河南山東江南直隸等省凡屬濱河隄內灘地該督撫河臣必當嚴切查禁毋許再行居住占種如有從前侵占灘地阻遏水道者惟該督撫河臣是問

乾隆四十六年十二月諭據阿桂李奉翰韓鑅覆奏嵇璜前奏令黃河北流仍歸山東故道其事必不可行各摺已批交該部知道矣此事前據嵇璜面奏朕揣度形勢早知其窒難行無論黃河南徙自北宋以來至今已閱數百年即以現在青龍岡漫口情形而論其泛溢之水由趙王河歸大清河入海者止有二分其由南陽昭陽等湖隨流南下歸入正河者仍有八分豈能力挽全河之水使之北注此事勢之顯而易見者從前孫嘉淦亦曾有此議究以形勢隔礙難行其說遂寢今嵇璜復有此奏是以降旨詢問阿桂等令各就所見據實覆奏茲據阿桂等覆奏俱稱揣度時勢斷不能行其詞若合一轍且稱始而南流八分者繼則全歸南注地勢北高南低水性就下惟應補偏救弊以復其安流順軌之

河南印刷局印

常山東地高於江南若導河北注揆之地形之高下水性之順逆斷無是理等語諒阿桂等必揣合朕意故爲此奏但嵇璜尚素爲熟悉河務之人其前奏使河流仍歸山東故道之語亦必中有所見即使其事難行而其言爲要工起見究屬因公且治河之策本應集思廣益正不妨博採周諮以期詢謀僉同折衷至當著大學士九卿科道等再行悉心妥協會議具奏

乾隆四十六年十二月大學士等議覆嵇璜奏請使黄河仍復山東故道其事難行惟青龍岡此次漫口合而復開實因引河形勢窄狹宣洩不暢所致現據大學士公阿桂奏請將孔家莊等處引河展寬應飭令速即派員趕挑至下游宣洩不暢上游各處隄工難保穩固應勅下河東江南河道總督各勘過有淤阻即行設法疏通再臣胡季堂竊有請者黄河南北兩隄相距二三十里及數十里不等隄内均屬河身不便少有壅塞近日隄内村莊甚多並皆耕種麥苗有礙河身應飭令遷居隄外議軍機大臣等本日據大學士九卿等會議黄河水勢情形一摺已依議行矣内胡季堂所稱河灘地畝幾皆耕種麥苗並多居民村落一遇水發之時勢必築圍打壩填塞日多是河身多一村莊即水勢少一分

容納請飭下河南山東江南各省督撫確查令其拆去遷居隄外等語所見甚是河灘地畝居民日就耕種漸成村落一遇水勢增長自必築牆壘埽塡塞河身此弊由來已非一日最宜嚴禁著傳諭薩載等即行確加履勘其隄外地處高阜無礙河身者自不妨聽其照常居住耕種若隄內地方不便佔居塡塞有礙水道所有村莊房舍該督撫等務須嚴切曉諭令其陸續遷移徙居隄外俾河身空闊足資容納仍須遴委幹員不動聲色妥爲經理使遷移貧民毋致擾動失業方爲盡善

乾隆四十八年十月命黃河沿隄種柳申禁近隄取土

乾隆四十八年議准河南省蘭陽李六口堵工合龍新河暢注修守防護倍關緊要必須酌量調劑俾各有專責方無貽誤將儀考通判改爲蘭儀通判蘭陽儀封睢州各新隄均歸該通判管理睢州添設管河州同一員裁南陽府通判改設睢寧通判曹儀廳改爲曹考廳管轄考城工程儀封主簿改爲寧陵主簿蘭儀巡檢改爲蘭考巡檢與考城主簿分管汛地

乾隆四十九年議准黃河各工於夫堡二座之間添設兵堡一處派兵二名常川住守汛

河南印刷局印

期晝夜巡防平時力作積土不許私自下隄

乾隆四十九年奏准嗣後黄河各工除道員外文武員弁將隄工段落丈明里數分汛經管俱令於隄工緊急處蓋房居住一切兵夫土牛子堰柳株等項責成分駐之員一體兼管

乾隆五十一年蘭儀新修隄工添設同知一人分管蘭儀睢三汛工程睢州下汛縣丞改爲睢州管河州同

乾隆五十二年議准蘭儀通判改爲蘭儀同知專管蘭陽及儀封上汛其儀封下汛及睢州上汛改爲新設儀睢通判經管睢寧通判改爲睢寧同知黄沁同知改爲黄沁通判

乾隆五十四年諭黄河南北兩岸築隄捍禦原以防河水盛漲時泛溢爲患專藉大隄爲之保障以河流正身而論則濱河兩岸灘地在大隄以内者當謂之隄内在大隄以外者當謂之隄外此一定不易之理也乃向來河臣等所奏以附近河身兩岸灘地指爲隄外而大隄外之民田廬舍轉稱爲隄内殊爲倒置必係河臣等意圖影射以隄内之民田廬舍爲隄外遇黄水衝缺口岸即可指稱在隄外漫溢以爲掩蓋蒙混之地不可不即行更

正以杜隱蔽弊端嗣後總以黃河正身爲主附近兩岸灘地在大隄之內者謂之隄內在大隄以外者謂之隄外毋得再有牽混以致陳奏失實藉滋影射也

乾隆五十七年題准豫東二省黃河南北兩岸隄圍兵夫額栽柳株業已循栽叢密若責令按額栽植不特細小新柳難以培養而舊柳限於地方反致不能暢茂應行停栽

嘉慶四年諭河工省分各設廳汛員弁專管修防其地方守令無兼河之責者原不應派令辦理河務乃聞近來遇有堵築挑濬大工多藉幫辦爲詞派州縣令其貼解銀兩並將上司應賠工程亦令州縣代賠以致派累百姓挪移倉庫地方職守且多曠廢著直隸江南山東河南各督撫及河道總督通行禁止嗣後辦理河工止准調丞倅佐雜等官不得再派州縣致滋弊竇

嘉慶四年諭河工省分各設廳汛員弁專管修防若派州縣代辦不但本任地方公事曠廢兼至賠累難堪嗣後遇有挑築工程購料傭夫等事附近沿河地方亦止准派委丞倅佐雜幫辦不得調用州縣至距河千餘里及數百里之處即地方丞倅佐雜亦不准其派往

河南印刷局印

嘉慶四年改上北河同知爲祥符北岸同知改衛輝府河務通判爲上北衛糧河務通判

嘉慶七年覆准東河上北河祥封汛河兵不敷力作於祥陳汛內撥兵三十名歸入祥封汛管轄

嘉慶十一年改開封府開糧通判爲開封府中河河工通判

嘉慶十三年定河南省陽武汛頭堡改爲中牟上汛三堡陽武汛二堡改爲中牟上汛四堡陽武汛三堡改爲中牟上汛五堡堡夫每年工食及歲修堡房均由中牟縣管理

嘉慶十四年奏准祥河廳祥符汛魁星樓一工爲近年北岸第一險要將黃沁廳屬武陟沁河汛抽撥守兵一名武滎汛抽撥守兵一名原武汛抽撥守兵二名改歸祥符把總管轄

嘉慶十四年奏准孟縣主簿汛向設埽夫二十名撥歸祥符主簿汛管轄

嘉慶十六年添設歸河通判一員原設虞下汛分防外委改歸新設歸河通判管轄原設商邱千總改爲歸河協辦守備睢寧廳屬寧陵把總改爲商邱千總仍歸虞商通判管轄其寧陵把總裁汰改設寧陵分防外委

嘉慶十六年諭河工購辦歲料分垛堆貯原應覈實查驗現因例價不敷並准其加價購買尤不容稍有虛浮著通諭各河督嚴飭所屬道廳將稭料束數斤數務按奏定章程覈實採辦於購買齊全後該河督親往抽查若丈尺束數斤數或有未符及攙雜碎料泥濕朽腐等弊一經查出即據實嚴參治罪

嘉慶十七年議准東河購辦料垛統限年內全數到工該河督於到工後親往驗收其未經查驗者不准擅動茥束每年用賸餘料於霜降後責令河道周歷各廳查明實存若干即抵作來年歲料將新料照數覈減如歲料有餘即於發辦防料內照數扣抵減辦防料有餘即於來年歲料內扣抵減辦

嘉慶十七年議准鑲工之時無論遠近先儘舊料搬運應用本年霜降後積數存工之料止准作次年工程之用不准存至第三年致有殘朽黴爛

嘉慶十七年議准東河稭料每垛長六丈寬一丈三尺檐高一丈脊高一丈五尺重五萬斤不得稍有虛鬆儻有擅改長丈高寬以及搭架空虛抽秤短少者從重參處

嘉慶二十一年十一月諭陳預奏李逢亨於黃河情形不甚熟習近日河勢北趨魏家埠

河南印刷局印

道迤東迎溜頂衝明歲必須加意修防李逢亨每喜於隄內添築土壩不惟與水爭地抑且引溜生工轉多糜費豫東二省險工林立李逢亨到東河日淺未能曉暢機宜難保不爲聽員蒙混等語朕本日召見吳璥據奏稱李逢亨於東河河務機宜實未熟諳其言與陳預相符兩年以來河流順軌由於海口深通建瓴直下此時上游修防尤關緊要李逢亨於黃河情形未能熟悉著仍回永定河道之任

嘉慶二十二年議定大挑舉人知縣揀分三河四省借補分汛佐貳以知縣本銜升轉

嘉慶二十四年諭河營兵丁例有定額平日應責令學習桍埽並填補溝窩堆土植柳等事若空缺不補一遇險工現募民夫應役豈不坐致貽誤著該河督嚴行查察均令挑補足額以裕巡防

嘉慶二十五年十月申禁河務積弊

道光元年署河東河道總督嚴烺奏稱竊臣於道光元年十一月二十七日接奉硃諭朕聞查勘隄工以木橛插入新隄鑿成小穴取壺水貯穴中不滲不漏即爲堅固舞弊者用白芋煮水其性粘膩雖虛土亦不滲漏又或於新築隄上拉車一過車輪不致深陷即爲

堅實孰知車係空車自然不陷況且科派物料滋擾閭閻盧開帑項以少報多種種弊竇總爲自私起見當河決築隄之時眼見生民漂沒猶忍作此弊端況太平無事之日縣得如許帑銀廉吏以爲久遠之謨貪吏必爲侵吞之計且以每年歲修言之於險工扼要之處下木築埽藉以護隄隄上有土堆料堆以備不時之需其餘各處河隄不過敷衍故事偶有培補仍然役使鄉民不出夫者即出錢一百六十文又有舊隄本未加增削耙虛土詐稱新增所謂歲修者每歲支領公項以爲增高增廣之費乃銀兩恒多入已所以敢於入已者因河工官員以次推升始終不離河務今日督率屬員稽查弊竇之員即昔日曾爲屬員身親作弊之人向來之不肯認真有由然也以前積弊汝宜秉公剔除務使工歸實用帑不虛糜以期永保安瀾毋負委任是爲至要慎之勉之欽此臣伏思治河原以衛民不獨科派累民法所不宥即領辦工程設有未當上既虛糜帑項下即貽患民生自應力除弊端以期瀾安工固查全河保障惟恃兩岸大隄而距河較遠並無埽工之隄道里甚長防守不易前經嘉慶二十四年與張河灘淤高隄身單薄雖節次增培尚不足以資經久臣恐因循遷就將來耗費轉多奏蒙聖恩不惜數十萬帑金俯准擇要加築在臣必

期此後河工得有把握錢糧亦可漸歸節省但此時工員積弊稍不屏除淨盡誠如聖諭廉吏以爲久遠之謨貪吏必爲侵吞之計臣感沐殊恩天良具在何敢不認眞剔除仰副委任惟查科派料物役使鄉民之事以臣所聞其弊從前實有不免自地料民夫裁革之後近今二十餘年來東南兩河每當辦工需用夫料之時遠近居民因非河員所管呼應不靈雖重價招徠尙多居奇觀望即欲科派勢有不行委實並無其事至豫東黃河向有站隄夫及搶險夫車兩項一係沿河州縣離工二三里以內有田五十畝之戶出夫一名伏秋汛內河水漫灘則號召齊集分段駐防水落霜清各歸其業是爲站隄夫一因險工緊急在隄兵夫不敷搶護附近州縣添撥民夫幫同防守並酌撥車輛赴工轉運料物以備急用其擡土運料仍由廳員按數發給身工錢文是爲搶險夫車案查立法之始以民助官本期沿河有佃之民共知保衛河隄即以自衛田廬嗣因日久弊生所有前兩項夫車近年必俟大汛水長過有緊急險要始隨時調集來工迨水落工平後即令散歸並不責令常川住工用之甚暫保全實多是以自雍正年間迄今未敢議裁不過存此以備緊急之需並不指此以爲省費之計至尋常估辦土工時非大汛事非搶險所需人夫地方官

既不能代爲招集鄉民亦斷不肯聽其役使此派累諸弊無待剔除之實在情形也若乃辦工之員一有自私之心其弊即相因而起如以白芋煮水掩其隄工虛鬆從前實屬有之而水色不同一望可知其弊久已不行臣查築隄必期堅實法在築土之時薄坯重硪逐層套打現已做立章程限以每坯虛土一尺打成七八寸委員監視以次遞加工竣後用三四尺長之細鐵籤打成小穴以淸水灌試不漏爲準其工段長寬丈尺有冊可憑均不致別有弊混至籤試不漏之隄天晴土乾重車來往雖有轍而不深若疊經大雨之後即空車經過不免亦有深轍是以黃河隄工向無拉車試驗之事現在兩岸大隄普律增培斷不能稍任敷衍若零星歲修之工銀數既有定額因視爲例辦之工或有急其所緩甚至以舊作新難保不肖工員必無其事臣蒞任以來每督同各道切實勘查從不任以例辦之工聽其率估捏報總之防弊之法有盡而滋弊之事無窮臣出身河員凡河工積弊亦何敢諉爲不知惟當隨時隨事核實嚴查如有不堅不實之處輕則立予斥撤重則據實劾參斷不敢稍避嫌怨曲意姑容致蹈欺罔重咎務期工歸實用帑不虛靡再查黃河大隄無埽之處道里過長勢難在在積料致滋靡費惟從前各堡均有積土自二十四

年後所存漸少未及補還臣除責令官兵堡夫照例趕積外仍設法籌積以裕工防合並

附陳

道光五年河東河道總督張井奏熟籌河工久遠大局請敕講求疏導良規疏曰竊惟黄河自豫省滎澤縣出山以後地勢平衍土性沙鬆溜極猛迅又復挾帶泥沙屢治屢壞原乏長久之策然臣考之載籍驗以現在情形竊以河之敝壞與防河之費用繁多未有如此時之甚者也臣歷次周履各工見隄外河灘高出隄内平地至三四丈之多詢之年老弁兵僉云嘉慶十年以前内外高下不過丈許聞自江南海口不暢節年盛漲遂漸淤高又經二十四年非常異漲水高於隄潰決多處遂致兩岸隄身幾成平陸現在修守之隄皆經道光元二三四等年續經培築其舊隄早已淤與灘平甚或埋入灘底至臨黄埽壩工程臣檢查嘉慶初年底案每年報銷不過三四十萬自十一年以後漸增至一百餘萬近年以來時有增減而增多減少繁費將無已時蓋由河底日高則流行不暢縈迴紆曲到處皆成險工且昔年多有挑順蓋戧等壩名目不惟捍衛隄身兼可少鑲埽段多年以來淤墊塌卸半已無存所有頂衝迎溜之工大半順隄做埽上提下坐補舊鑲新埽段愈

長爲費益鉅此二十年來豫東兩省河勢日壞費用日多之實在情形也臣愚以爲事理宜探本原圖功當計久遠不得以目前苟安之局即守爲治河不易之經即如地方民氣凋敝者當治以寬仁習俗獷頑者當治以威猛未有不力求治理而能自然不變者亦未有力求治理而無成效可觀者獨至今日之黃河則有防無治而以防爲治即治之而終不效歷年以來當伏秋大汛司河各官皆倉皇奔走搶救不遑其竭蹶情形具有惟日不足之勢及至水落霜清則以現在可保無虞而不復再求疏刷河身之策漸至河底墊高清水不能暢出並誤漕運又增盤剝起壩及海運等費皆數十年僅斤斤於築隄鑲埽以防爲治而未深求治之之要有以致之也夫水性就下本屬自然孟子之疏瀹排決注江注海又曰水由地中行在宋則有疏濬黃河司官明天順間令河道三年一挑濬嘉靖中凡臨河州縣各造上中下三等船並置鐵扒尖鉏疏濬淤淺隆慶萬歷年間河臣潘季馴專主以隄束水之說至康熙年間河道敝壞南巡指授方略首疏海口以導黃次闢清口以助刷伏讀聖諭云若黃河刷深一尺則各河水少一尺深一丈則各河水淺一丈如此刷去則水由地中行各壩亦可不用等因欽此維時河臣靳輔仰承廟訓次第經理並於

海口增設濬船往來疏濬百十年來均資利賴然彼時黃河雖云敝壞尚不至如此時之甚即如斬輔增築隄工有遙隄縷隄及魚鱗隄等名目其言曰縷隄失守則退守遙隄再失則尚有魚鱗隄臣揣度形勢必因內外灘地高下無多是以層層可恃至現在兩岸則惟恃一綫單隄高下過於懸殊一經潰決建瓴之勢斷難回下就高雖有數重退守之隄亦必逐層遞潰是此時全河受病情形較康熙年間不啻十倍然而民無昏墊歲有豐收者何也蓋我國家深仁厚澤不惜帑金積年例外之增無不上邀俞允即偶有大工一切民夫民料悉行革除如乾隆二十六年間堵築楊橋漫口僅用銀三十萬兩近則概由官辦每堵漫口用至一千數百萬至少亦需五六百萬從未絲毫累及閭閻凡此培養民力洵足感召休嘉是以何伯效靈黔黎蒙福而非司河諸臣區區一手一足之力所能倖而致也顧水勢難定而患宜豫防見在河高隄險處處可虞無論一有漫溢堵合為難即使歲慶安瀾而此常年修守之費東南兩河動以數百萬計經費有常似亦未可以各省之正供備一河之支用且河底遞年墊高隄身遞年請增城郭居民盡在河底之下惟仗歲請無數金錢將黃河擡於至高之處今每年以淤高一二尺為率計至數十年百餘年之

後其高下情形殆不可以設想而仍止鑲埽築隄等奉行故事則一廳員營弁皆足辦此以臣自視殆同具官覥受恩榮實堪愧恥而爲我國家億萬斯年計尤未可止顧目前而不計及將來之大局也夫當此河底未能刷深之時除培隄鑲埽而外原無別策然治法無定全在因地因時如潘季馴以隄束水以水攻沙而河治靳輔於築隄塞決而外又增海口濬船而河亦治其治河方略有曰數年之後河底刷深兩岸隄防皆可棄而不守今以隄束水仍守舊規而水已不能攻沙反且日形淤墊則議者隆隄於天之說似亦未可謂之過計議者又謂南河閘壩分洩太多以致河身日墊此說誠然然當伏秋盛漲拍岸盈隄若無分洩之區必有潰決之患其墊又不能以兩全臣在河工日淺且自江境以至海口未經親歷更不敢以臆度之詞遁爲懸揣躊躇顧慮徒切焦思每念防河重寄全在權變機宜必須閱歷既深方可語此至於規自然之形勢察屬吏之勤惰稽衆土料慎重錢糧臣即至愚均可勉強學習惟海口如何方得大暢河身加何方可刷深則竭盡血忱竟無一得即與年老官弁熟諳幕僚反覆講求咸無良法每一念及輒爲彷徨悚懼寢食不安又念此等情形各前河臣豈不深知祇以籌策維艱不欲以無補空言徒勞聖廑或

又以創爲議論必冒糜帑生事之嫌是以未敢輕於具奏而臣則以爲奉職之道主於勿欺既爲計慮所及但以一己之聰明材力無可措施遂並其受病之處亦隱忍而不言則貽誤將來臣罪滋大是以再四思維惟有據實瀝陳仰懇飭令中外臣工凡有講求河工心知其意者但能使河底有可以刷深之法或應遂濬取直或應設法疏濬或應復斬輔成法仍設濬船或應築做對頭壩工束逼溜勢或於此外別有良規據實敷陳奏請欽定由下而上節節試辦如行之有效即通飭遵行要之就現在海口河身受淤情形而論必得有刷深之方始可遂就下之性不必謀自臣出而聖世永慶平成臣亦與有榮施矣十月奉諭據張井奏熟籌河工久遠大局請飭講求疏導良規一摺治河之法疏瀹與修防並重近日河底墊高爲患日甚其弊皆由於有防無治該河督所奏歷年以來當伏秋大汛司河各官率皆倉皇奔走搶救不遑及至水落霜清則以現在可保無虞而不復再求疏刷河身之策漸致河底日高清水不能暢出隄身遞增城郭居民盡在河底之下惟仗歲請金錢將黃河擡於至高之處所言切中時弊每年東河南河歲請修防經費數百萬金在國家保衛民生原不靳惜帑金惟似此年年增培隄堰河身愈墊愈高勢將何所底

止見據奏陳或逢灣取直或設法疏濬或復斬輔濬船成法或築做對頭壩工在張井殿
煩身任河督河務是其專責琦善程祖洛兼管河工亦責無旁貸著即會同籌議或於道
將廳營員弁內之諳習河務者將海口如何可以大暢河底如何可以刷深悉心講求總
期遂就下之性復舊日成規於河工大局計深慮遠籌其萬全以期永慶平成勿狃於目
前積習方爲不負委任也

道光六年十月諭河工要務全在冬勘春修每年豫發歲料銀兩飭交工員乘時購備將
料垛土牛堆積如式該河督向於霜清水落之後前往沿河詳驗以杜架空浮鬆之弊並
將廳辦春工周歷履勘悉心核估一交春令次第興修剋期竣事再行親往驗收查明料
物用存確數以備伏秋兩汛之需即遇有險工隨出備料足資應手是以鮮有失事貽悞
自嘉慶年間以來各河督等習於安逸往往不於霜降後逐段親詣勘驗以致工員等將
虛貯花堆剋扣偷減諸弊視爲固然甚或有估辦春工時將不應修而修轉將應修處所
暗留爲大汛搶險地步以便藉另案工程事起倉卒易滋侵冒著各該河督等於例屆冬
勘及次年工竣時務須親歷河干詳加勘驗料垛必禁其虛鬆工程必期其堅實各宜不

俾勤勞力除結習並嚴飭通工員弁仍不得藉公帑以肥私橐尤須懲奸胥而斥劣幕如有敢蹈前轍仍踵積弊者即當隨時嚴參懲辦勿稍寬貸

道光十一年二月河東河道總督嚴烺奏稱竊臣接准部咨內開奉上諭嗣後河工各項料垛先期約計需辦若干於何時全數到工應酌定數月限期責成廳員遵照辦理該河督於料垛到工後親往驗收毋任遲延現已查出朽料其非近年存積之料已可概見將來每年用剩餘料若該河督於霜降後責令河道周歷各廳查明用剩稭料若干垛即抵作來年歲料將新料照數核減其預備料物應如何核實辦理俾廳員不得朦混冒濫之處並著妥議章程具奏等因欽此伏查豫省黃河十三廳額辦歲料以五千垛爲率歷係每年白露前後奏撥銀兩八月內新料登場發廳領辦其添辦防料二千垛向於秋分後奏准同額辦歲料各按工程之平險分別貯備之多寡於歲料將次辦完之時接手購辦統限年內一律全數到工由各該管河道與歲料一體盤驗無虧報經河臣於次年正二月間親身赴工按廳覆驗其未經查驗以前不准動用歷來此臣自蒞任東河前後十載悉照舊章辦理歷年奏報有案應請仍循其舊毋庸另議其歲內不能全完者亦仍照定

例承辦廳員應予降三級調用外至每年用剩餘料近年以來兩岸各廳所存自三百餘垛至七百餘垛不等均經按年造册報部並於動撥司庫銀款總數摺內將存工料垛值銀數目據實陳明迨臣次年查料到工仍與歲防各料一同點驗但向來未經作抵歲料扣除銀兩雖於貯備稍寬而於現撥銀兩究未節省查歲料例應八月內發辦其時秋汛尚長工用未能截數存料多少難以懸定應請仍照舊章發辦其添辦防料一款嗣後請改於霜降安瀾後具奏其時責成各該道周歷各廳確查用存垛數報明河臣即於奏請防料項下照數扣抵並將減辦銀兩盡還司庫以昭核實而歸節省惟豫東河身寬廣兩隄相距自十餘里至三四十里不等土性沙鬆流勢趨向無定各廳埽段有上年極險之工至次年淤閉者並有春汛平緩之處伏汛忽然出險迨至秋汛又復淤閉者凡此忽平忽險之處當其預辦歲防各料之時不能不酌量多寡逐一分貯以資修守往往有大汛生險之工距上冬貯料之處相隔數里至數十里不等廳員憚於搬運或値風雨黑夜工緊用迫一時搬運不及以致積存之料不無陳陳相因而其中亦難免借端影射此臣連年以來竭力杜弊尚未能剔除淨盡實不敢欺隱者也應請嗣後責成該管各道督率廳

員於廂工之時無論遠近先儘舊料撥運應用本年霜降後續數存工之料祇准作次年工程之用不准存至第三年致有殘朽霉爛如有前項等弊一經查明據實參處再東河料垛定例每垛重五萬斤但稭料原有乾濕潮枯之不同即如本年之料購自上年秋冬迨存至來年其稭色已不能一律鮮明總以堪適工用與否爲斷如河臣到工查驗拆出霉爛不適工用之料不及一成及抽秤斤重有一處不足者將承辦之廳員革去頂帶戴罪賠補全完開復一成以上至二成及斤重有二處不足者承辦之員降三級調用仍押令賠補二成以上至三成以外及斤重有三處不足者承辦之員革職賠補如無力賠者責成該管道員照數賠繳該管道員如先行查出揭報免議其失察者一併分別議處似此嚴定處分俾廳員知所儆戒庶足以杜弊混而重工儲

道光十一年三月河東河道總督嚴烺片奏稱再查豫東所產稭料質性脆弱非若南河海柴之性堅者可比況料垛露堆隄頂經年累月雨淋日蒸已不免於發扁熱耗一經折動則此工之料運貯彼工勢不能一垛仍堆一垛若遇存料之處相距險工過于窵遠則撥運之費幾及購價一半而廳員既以運腳例不開銷又慮拋撒折耗遂致憚于撥運茲

若議給運脚恐啟藉端開銷之弊是欲杜弊而弊轉滋臣擬此後撥運存工之料准其量爲折算除撥運在十里以內者仍不准折耗外其二十里以內准其折耗一成三十里以內准其折耗二成至遠之處亦不得過三成而止責令各該道臨時確核道里遠近分别稟明辦理俾免廳員藉口遲誤則用舊存新于例既符而工儲益昭核實

遵旨酌議東南兩河河工辦料章程

道光十一年四月工部奏稱都水司案呈內閣抄出河東河道總督嚴烺奏河工預備料物章程並嚴定處分一摺又嚴烺片奏撥運存料請量准折算等因奉上諭嚴烺奏東河酌議辦料章程一摺又嚴烺片奏撥運存料請按道里遠近量准折算等語俱著交工部核議具奏欽此欽遵鈔出到部臣等謹將該河督所奏各款逐一核議敬呈御覽

一河東河道總督嚴烺奏稱額辦歲料向例統限年內一律全數到工由該管河道一體盤驗無虧報經河臣親身挨驗覆驗其未經查驗以前不准動用茎束應請仍循其舊毋庸另議其歲內不能全完者亦仍照定例承辦廳員應予降三級調用等語查河工修防以料垛最爲緊要其辦料限期及盤驗覆驗各章程如果實力奉行何致弊竇叢生應令

該河督嗣後將所辦料垛酌定數目遵照向例勒限年內全數到工據實盤驗如杳有斷短挪移及逾限辦不足數等弊即將承辦廳員及不行揭報之該管河道一併查照定例參處又奏稱每年用剩餘料嗣後請責成各該道周歷各廳確查用存垛數報明河臣即於奏請防料項下照數扣抵並將減辦銀兩劃還司庫等語查河工存料若不及時撥用則陳陳相因必致殘朽霉爛難免攙雜影射之弊令該河督請將每年用剩餘料杳明垛數於奏請防料項下照數扣抵並將減辦銀兩劃還司庫之處係爲慎重工需起見自應如所奏辦理又奏稱豫東河身寬廣土性沙鬆溜勢趨向無定當其辦料之時不能不酌量分貯以資修守往往有大汛生險之工距上冬貯料之處相隔數里至數十里不等或値風雨黑夜工緊用迫一時撥用不及積存之料難免影射請嗣後責成該管各道督率廳員於廂工之時無論遠近先儘舊料撥運應用本年霜降後覈數存工之料祗准作次年工程之用不准存至第三年致有朽爛如有前項等弊一經查明據實參處等語查係申明舊例應令該河督轉飭實力奉行毋得日久視爲具文又奏稱料垛定例每垛重五萬觔但稭料原有乾濕溫枯之不同即如本年之料購自上年秋冬迨至來年其稭色不

能一律鮮明總以堪適工用與否爲斷如河臣到工查出霉爛不適工用之料不及一成及抽秤觔重有一處不足者將承辦之廳員革去頂帶帶罪賠補全完開復一成以上至二成及觔重有二處不足者承辦之員降三級調用仍押令賠補二成以上至三成以外及觔重有三處不足者承辦之員革職賠補如無力賠補者責成該管道員照數賠繳該管道員如先行查出揭報免議其失察者一併分別議處等語查係盤驗料垛按查出霉爛不適工用成數及抽秤短少觔重分別嚴定處分以杜弊混自應如所奏辦理又奏請將本年額數存工舊料先儘搬運應用又奏請盤驗料垛按查出霉爛不適工用成數及抽秤短少斤重分別嚴定處分各款現經臣部分別核議又片奏此後搬運存工之料准其量爲折算除搬運在十里以內仍不准其折耗外其二十里以內准其折耗一成三十里以內准其折耗二成至遠之處亦不過三成而止責令各該道臨時確核道里遠近分別辦理等語查例載豫省河工料物存貯險工上流一遇新險陡出立即順流搬運星飛搶護核實報銷等語並無搬運存料按道里遠近折耗成數之例若因存料之處距工窎遠搬運維艱量准折耗恐啟多開道里捏報等弊且河勢趨向無定則料物輾轉搬運折

耗何所底止尤恐此後以折耗爲名於額辦料垛之外又請添辦致多糜費所有該河料請將撥運存料按道里遠近量准折算之處應毋庸議奉旨依議

道光十一年河東河道總督嚴通飭道廳照得河工料垛爲一歲修防根本莖束皆關國帑本不容稍有混弊自上冬欽派大臣來工查料之後復經本部堂於本年春間將預辦料物章程處分議奏奉部覆准行知遵照在案各該廳員凜遵奏定章程認眞妥辦實力奉行自不致再有弊端但查尚有未盡事宜茲當發辦歲料之始合再申明舊例詳列規條通飭即便遵照辦理

一料垛高寬丈尺觔重宜遵定例也查東河料垛向以長六丈寬一丈五尺齊高一丈脊高一丈五尺計重五萬觔本年復經本部堂奏明有案嗣後務當照依舊規觔重丈尺堅實垛堆不得稍有短少虛鬆

一料垛宜一律整齊如式不准分別門垛二垛也查各廳額辦稭料多者六七百垛少者亦有二三百垛當本部堂臨工查驗抽秤之時勢不能垛垛拆驗往往門垛丈尺觔重均尚敷足其二垛三垛丈尺雖足觔重不敷虛鬆之弊即由此而起嗣後無論門垛二

垛三垛均應一律整齊如式不准稍有分別

一料垛不准隨隄坦堆貯以昭核實也查各廳隄頂所貯料垛每有二垛三垛之後復隨隄坦堆垛名爲坦垛其高寬丈尺一經深算即多不實現在兩岸臨黄有工之處隄身塌墊本寬儘可於隄頂排列如一排二排三排之外不能再垛不妨於隄後平坦之處四面挑濠或於工頭工尾河灘寬闊之處另廠堆貯除本年用存舊料之中本有坦垛者免其搬運另堆外嗣後總不准再有坦垛名目

一料垛宜寬留空檔也查各廳現在所留垛檔不過二三尺之寬本部堂臨工查驗每多不便嗣後務須一律寬留五尺垛檔以便稽查

道光十二年河東河道總督林則徐奏稱竊臣於本年正月間驗過運河挑工之後即於二十二日由濟起程稽查黄河兩岸料物由北岸之曹考廳上隄查至上游黄沁廳問渡而南循順東行復從歸河渡過北岸計時一月有餘業經竣事竊思稽料爲修防第一要件即爲河工第一弊端前次特派欽差查出虚鬆殘朽等弊降革示懲俾在工大小官員咸知儆惕臣仰膺簡任且蒙訓示諄諄辦工雖尚未諳查料必先覈實到任以來講求訪

問因知堆料積弊更僕難終蓋料物應貯於有工處所而河隄地段本不甚寬兵夫堡房既經林立積土雜料又復紛紜秫稭每垛長至六丈寬至一丈五尺占地已多故隄頂未能盡堆惟頭一層在隄上者謂之門垛其餘則爲灘垛爲底廠大抵門垛近在目前多屬完整灘垛底廠即爲掩藏之藪最易矇混其顯然架井虛空朽黑霉爛者固無難一望而知更有理舊翻新名曰併垛以新蓋舊名曰戴帽中塡碎料雜草以襯高寬旁插短節碎根以掩空洞若非抽拔拆視殊難悉其底裏臣周歷履勘總於每垛夾檔之中逐一穿行量其高寬丈尺相其新舊虛實有緣即抽有疑即拆按垛以計束按束以稱觔無一垛不量亦無一廳不拆兵夫居民觀者如堵工員難以藏掩聞上年自奉旨嚴飭之後各廳辦料皆尙認眞此次所驗料垛除上年舊料剔留抵辦不領錢糧外其新購之料丈尺多有出額間有三五處長欠數寸臣先亦疑其偷減及至拆束稱觔仍無短少細查其故始知垛天堆垛每高至尺餘必須用木板四圍打緊乃可加堆而稭料尾細根粗一板之蔽有輕有重即兩尾相接有緊有寬故有前面不足而後面有餘上截不足而下截有餘者均之無關於弊竇惟一垛之中成色竟不能一律緣民間種植高粱種類本不齊一有黃色

而鮮明者亦有似黝似紅而質性亦甚堅挺者是以前次部議章程總以適用為斷以臣所查南北兩岸十五廳之垛上南同知羅綬所辦最為高大結實簇簇生新曹考睢甯商虞三廳次之餘亦大都如式惟蘭儀同知于卿保所辦料內拆至蔡家樓一處垛底有潮濕之料雖據稟稱係上冬雨雪之中趕買趕堆不及曬晾目下並未霉爛但此料晾乾之後即恐觔重有差辦理殊為未善若遽照不適工用之例革去頂帶又與實在霉爛短觔者無所區別如僅責令補足該員在任復恐易於掩飾據開歸道張坦具稟前來相應請旨將蘭儀同知于卿保撤任免其革去頂帶即責成接印之員逐垛拆晾如晾乾有所折耗仍著落于卿保賠補俟補完之後另行察看酌量補用至所有各廳厰勷積土亦已點驗如數土工次第硪築均皆踴躍應俟大汛前完竣一律驗收

道光十二年諭內閣翰詹科道察院各保送一員發東河南河學習二年由河督分別送部引見及咨回本任每兩年揀派一次

道光十五年奏准東河沿隄立窰燒造新甎以備拋築攩護減埽節費

道光十九年諭各衙門保送河工先儘實缺人員揀選如不得其人准以候補各員保送

安瀾後周歷兩岸立冬後回署

道光二十五年豫河東河道總督著每年桃汛前赴工伏汛前半月移駐蘭儀廳工霜降

未經交卸之員概不准保以符定制

咸豐五年九月河東河道總督李鈞奏稱竊臣前於覆奏蘭陽漫口暫請緩堵摺内聲明業已遵旨行知張亮基帶同文武員弁前赴被水各州縣詳細查勘在案茲據張亮基咨稱自陳橋起程先將祥符陳留杞縣蘭儀考城封邱被水地方逐細履勘查得大溜仍分三股趨向東南行走河水長落靡定泛濫所至一片汪洋逼近村落半露樹杪屋脊即漸有涸出者亦俱稀泥嫩灘人馬不能駐足凡舟車能到之處督同印委各員分投徧歷繞道查勘隨地傳詢紳耆親加撫慰盧衷商榷如何保衛田廬良法僉稱此時溜勢尚恐改移須俟節交冬令水落歸槽方能測量高下淺深或從上游杜其分支或從旁面攔其漫水該紳耆等咸知軍務未竣經費恐絀情願富戶出糧貧戶出夫通力合作互相保護察其救災捍患之意發於至誠隨傳諭各該縣令屆時審度情形妥爲勸辦毋誤事機不許吏胥涉手如工程未能熟諳准請派河工明幹員弁到工指示以期妥善此次漫口災連三省祇以庫帑支絀未遑即籌堵合恭繹諭旨設法疏濬因勢利導使横流有所歸宿實爲目前切要機宜連日與委員等採訪輿論參稽古法於萬難措手之中力求補苴之術

其一則順河築埝也伏查疏導河流非無混江龍濬川杷等器而用之於兩河尙易得手用之於黃河斷無實效黃河悍激湍流器具難施泥沙並下淤墊頃刻前人治黃河者總以築隄束水攻沙爲要務水束則勢急勢急則沙行沙行則河深而水由地中行矣然東西亘長千餘里所費不貲何敢輕議此順河埝之宜急講也除河身逼近城垣不能不築做隄壩以資挑禦其餘擬就漫水所及之邊際酌定順河之埝基勸民接做小埝高出平地不過三尺擇取好土堅實夯硪離河宜遠不宜近勿與水爭地也兩坦宜坡不宜陡勿與水爭力也來年水小藉以攔阻水大聽其漫過散水無力隨漫隨淤地面漸高且變沙地爲淤地轉成沃壤矣其二則遇灣切灘也古之所謂疏瀹即今之所謂挑引河奪河之勢逢灣取直避高就低果能挑挖深通河頭得勢則一經開放便成建瓴此所謂利導也今當經費支絀之時工程浩大何敢輕議而欲順河之性以殺其怒祇有遇灣切灘之法水性直則勢平灣則勢急黃河性喜坐灣每至長水遇灣則怒怒則橫決被淹必廣惟於坐灣對面之灘嘴勸民切除以寬河勢水長即可刷直不特就下愈暢並可免兜灣沖溢之虞其三則堵截支流也現在黃河漫溢既不能堅築隄以束其流又不能挑引河以殺

其勢則溜勢無定必有分支小河分則力緩沙停河身墊高正溜必就下而四溢且分支小河一遇盛漲往往掣動大溜旁趨爲害尤重宜乘冬令水弱溜平勸民於分股處築柴土壩務使斷流再於迤下跨壓溝槽多做土格相率自三四十丈至百餘丈以離河遠近爲斷近密遠疏其土格祗令高出溝上地面一二尺漫水再入上無來源下無去路漸冀淤成平陸以上三條係歷來保守河灘內村莊之常法而施之今日則尤宜然其大要尤爲鼓舞衆心誠令三省之官吏勸諭三省之士民仿行前法各衛身家勢分則物力易集患切則人心易奮責成該地方牧令則呼應較靈地方官祗加開導勿事勉強所需工程料物應令董事紳耆豫先估計稟由州縣報明上司工完之日速予核實驗收分別官紳出資出力等差詳請該管大吏奏懇破格獎敘庶羣情益增踴躍矣辰下河行地上本乏十全之策似此衆擎共舉勞費不多三汛苟無異漲循軌東趨保得一分民田即全得一方生計愚昧之見是否有當杏請代奏到臣臣覆覈所論俱能切中機宜行之自當有效謹會同河南巡撫臣英桂據情代奏奉諭張亮基所陳各條尙合機宜一俟水落歸槽即可依法次第辦理

河南印刷局印

咸豐十年奉旨乾河各營員弁著即裁撤

咸豐十年議准豫省蘭儀以下乾河各營現無修防之責改爲操防不必歸撫鎮各標管轄南岸由開歸道調遣北岸蘭考二汛由河北道調遣

咸豐十一年五月部咨河東河道總督黃贊湯前奏豫省蘭儀以下乾河各廳擬請飭令會同地方官丈量舊河灘地開墾招民耕種升科以裨經費並以營弁改作操防而重地方一摺遵旨妥議核准具奏恭奉硃批乾河各營員弁兵丁即行裁撤毋庸再行察看情形其一切關涉營制事宜均無庸議現任實缺營弁挑精壯兵丁應如何補缺入伍之處著該河督會同巡撫妥議具奏

同治二年諭東河南岸所屬四廳北岸所屬三廳河道乾涸廳員無事所有山東之曹河曹單二廳著山東巡撫酌量辦理河南之蘭儀儀睢睢寧商虞曹考五廳著即裁撤

同治七年十月兵部左侍郎胡家玉奏稱竊維本年秋間河決滎澤據河臣奏決口不過數十丈請帑不過九十萬金臣以爲此小小工程耳不日即當竣事近聞大溜南趨口門逾三百丈續請帑金又八十萬兩且未卜此數果能合龍否是興大役動大工也既興辦

大工不可不統籌熟計期收一勞永逸之效溯查蘭陽汛潰決迄今十數年矣直隸山東沿河數十州縣田廬漂沒民不聊生臣曾於同治三年春間奏請暫撥固本京餉築隄東水保衛農田此因髮捻未平內地未靖餉項未充又因親王僧格林沁有請裁河督之奏故爲此因陋就簡之議以見河督之必不可裁耳今幸逆匪蕩平東南各省元氣漸復庫儲亦逐漸增添又値興辦大工若不將河南河北之利病治河治漕之方略統籌而熟計之恐顧此失彼貽患將來臣愚以爲宜趁此時將舊河身之淤墊者浚之使深疏之使暢舊河隄之坍塌者增之使高培之使厚令河循故道由雲梯關入海庶江廣之漕運可行直東之水患可紓涸復之田地可賦一舉而數善備焉不此之務塞滎澤之新口疏蘭陽之舊口是移河南之患於河北也是以直隸山東爲壑也不獨此也黃流穿運沙隨水墊終屬可虞現在張秋以北臨清以南已不通舟楫矣是不惟有害於農田抑且有妨於漕運臣謂宜統籌而熟計者此也或謂河流北徙已十數年而欲濬數百里乾河工鉅費繁難以取辦臣非不知其難也同治三年之奏已詳晳之第利期可久治貴因時不可爲而爲者妄可爲而不爲者玩審今之時度今之勢正大有可爲或以工費浩繁畏難而止將

年復一年河隄蕩成平地欲再興工其難必倍於今日且臣所謂時有可爲者不必蕩資民力也不必多費庫款也現今直隸山東河南安徽等省及淸淮一帶留而不遣之勇各數千人此數省軍務蕭淸此項勇丁安坐無所事事虛糜餉項殊屬可惜臣擬仿古人役卒治河之法令各該督撫督飭各營將領各帶所部齊赴河干自蘭陽以東分段挑挖按照土方予以程限其有辦理迅速依限竣工者即照軍功從優獎敘率無事之勇用坐耗之餉挑已淤之河面補尙在之隄身事半功倍何利如之此外如有捐資挑掘者按其丈數里數核其錢數銀數准照籌餉例獎勵仍另爲一班以示優異則奏功不難矣俟舊河一律深通然後決上游之水掣溜東行勢若建瓴沛然直下彼時榮澤之口未塞固有裨於榮澤榮澤之口已塞亦收效於蘭陽蓋大溜東趨則毋論堵南流閉北流皆易集事此一定之理其有利而無害也必矣

同治七年十二月大學士直隸總督曾國藩等奏稱準上諭侍郎胡家玉奏請濬黃河故道以利漕運一摺黃水遷徙以來不復故道頻年泛溢堪虞該侍郎擬請趁此時疏濬河身高培河隄令河循故道由雲梯關入海江廣之漕運可行直東之水患可紓並請將直

隷山東河南安徽等省及淸淮一帶留而不撤之勇各數千人仿古人發卒治河之法令各營將領各帶所部分段挑掘等語果能如此辦理則舊河深通決上游之水掣溜東行自是一勞永逸之計且勇非坐食餉不虛糜尤爲策之善者著曾國藩李翰章馬新貽張之萬蘇廷魁李鶴年丁寶楨吳坤修各按該侍郎所奏悉心體察彼此會商奏明興辦以重河道而利漕運等因欽此欽遵在案臣等查閱原奏該侍郎統籌大局治河即以治漕原屬法良意美果能辦有成效則江廣獲挽輸之益直東無墊隘之虞誠一勞永逸之策也惟以今日時勢計之有不能驟行規復者其故有三蘭工漫決已閱十四年自銅瓦廂至雲梯關以下兩岸隄長二千餘里歲久停修隄身缺塌河身淤塞比比皆然今欲將舊河挑濬深通隄岸加培高厚恐非數千萬帑金不能蕆事且東河下北蘭儀各廳營及南河管黃各廳營經久裁撤校目兵夫大半星散今須一一復設仍須分儲料物廂辦埽壩並預籌各廳防險之資雖云仍復舊規其實無殊開創通籌併計又歲須數百萬當此中原軍務初平庫藏空虛鉅欵難籌一也滎工在河之南岸地處上游蘭工在河之北岸地處下游論其形勢自應先堵滎澤後堵蘭陽勢難同時並舉使滎工漫口掣動全黃則蘭

河南印刷局印

工可以乾堵今滎口分溜無多大溜仍由蘭口直注利津牡蠣口入海奔騰砰湃勢若建瓴其水面之寬跌塘之深施工之難較之滎工自增數倍滎工現已發帑二百萬堵合尚無定期今復議興蘭工則又須五六百萬其能否堵合更恐毫無把握原奏所云決放舊河掣溜東行一語似於該處形勢言之太易且刻下瞬交春令興工已難二也漢時初決酸棗東潰金隄興卒塞之元光中再決瓠子發卒數萬人塞之從官自將軍以下皆負薪爲古人發卒治河之始元明之世發丁夫供役亦以十數萬計現在直東江豫等省捻氛甫靖而土匪游勇在在須防所留勇營各有彈壓巡防之責斷難盡赴河干即令就近分段逐隄幫同堵口於做法程式皆所未諳更難責之以保固且各省酌撥數千亦斷不敷分挑之用若再添募數十萬之丁夫聚集沿黃數千里間倘駕馭失宜滋生事端尤爲可慮元臣賈魯黃陵一役成遵議之譏以大役之不可遽興也三也臣等通盤籌畫往返函商意見相同應俟天下休養數十年國課充盈再議大舉夫治標即所以固本循序乃可以圖成因時制宜力求實效惟有赶堵滎工爲保全豫皖淮揚下游之計設法挑濬張秋以北運河以通南北舟楫是爲目前之急務

同治十二年九月河督喬松年奏稱竊臣前准部咨以大學士直隸總督臣李鴻章具奏黃運兩河情形一摺恭奉諭旨銅瓦廂決口以下蘭儀東明一帶地勢平衍不可無遙隄以防泛濫著喬松年就近察看應如何量築隄埝以資保護即行悉心籌辦等因欽此當經委員先往詳細查勘至霜降安瀾後臣即親往覆勘查得黃河自銅瓦廂北趨再折向東計歷東明長垣滑縣開州四州縣之境東岸與荷澤相接西岸與濮州相接東岸自長垣縣治之樓寨起至廖家樓北接東明縣治之車輞集止舊有民埝半多殘缺自此向東北行八十餘里至山東荷澤縣界並無民埝統計長一百三十餘里西岸自祥符縣治之清河集至長垣縣治之大車集始有民埝至桑園止共六十里舊有民埝亦多殘缺滑縣境內並無民埝又自開封界之海同鎭起至清河頭止長五十里舊有民埝內有一段尙存基址其餘四十餘里坍塌無存自此三十餘里至舊有之太行金隄亦無民埝統計長一百四十餘里此東西兩岸民埝斷續有無之情形也臣又約估築做遙隄必須高一丈五尺頂寬三丈兩邊坦坡均照二五收分隄長一丈應用土一百方零每里長一百八十丈用土一萬八千餘方有憑空創築者有就民埝加築者用土數目不同取土難易有別

方價不能盡一計兩隄將及三百里約略土方價值即需銀八九十萬兩西岸情形較輕或先築作東隄亦非三四十萬金不敷辦理十餘年來各該州縣疊被水災民困已極勢難籍資民力而國家制用維艱亦難籌此鉅款且臣查舊有之民埝距河過遠果欲興辦尚須隨地相度移於略近河流之處該處民田雖被水淹秋令水退附近居民或可種麥以冀春收今若通長接築官隄需佔民地既應蠲免錢糧或應酌給地價必須先由各地方官勘定基址按籍查明辦妥後方能插標興工且現在民埝在斷續之間水之去路尚多一作官隄則愚民只顧一已田廬水勢盛漲必冀以鄰爲壑恐有盜決之虞是此隄辦成又須派員修守或設廳營專司其事或歸地方官經理方免虛費國帑但既責成官守則歲需修防經費又添耗財之門臣愚見莫若仍由各地方官隨時體察情形擇其所急勸諭各村莊量力相機修築民埝不必定照官隄之高厚但得稍資抵禦漫水便可各衛身家既得省費又免擾民臣受恩深重若事關大局何敢畏難實因此時水患全在山東東明長垣工尚可緩而需費良多故敢冒昧上陳伏祈飭部妥議等語奉硃批該部議奏

同治十一年十一月工部奏稱都水司案呈內閣抄出河東河道總督喬松年奏查勘蘭

儀口門以下築做遙隄一摺奉硃批該部議奏欽此臣等伏查大學士直隸總督李鴻章前於議覆黃運兩河摺内聲稱銅瓦廂決口現已衝寬十里水勢猶日向東坍刷若不設法約攔久必泛濫南趨至於決口以下蘭儀東明境内地勢平衍現雖刷有溝槽而中泓不深大汛漫灘仍東西坍漲不定亦不可無遙隄以杜竄越擬請飭下東河督臣喬松年就近察看形勢應如何量築隄埝與東省曹州之隄相接俾資周防而期順軌綜計自安山上至銅瓦廂決口接築兩隄距北金隄約六七十里作遙爲遮攔之勢去水較遠取土較易工費較省此六七十里中大水所常漫者不過二三十里所急流者不過三五里任其游波蕩漾寬緩水勢以漸趨下游寬半里深數丈之大清河則緩急得以節宜不至逼激冲突別尋去路斯爲穩著等語今據喬松年查明東明一帶東西兩岸民埝斷續築做遙隄需款甚鉅請仍由地方官隨時勸諭各村莊擇要修築民埝既得省費又免擾民並稱此時水患全在山東東明長垣工尚可緩各等語自係實在情形臣等公同商酌擬請准如所奏暫緩興修以節糜費等語奉旨依議

同治十三年河東河道總督喬松年奏稱竊維設官分職總在因時制宜事有必須專任

河南印刷局印

者舊雖無官可以增設事有易於兼顧者舊雖定缺可以議裁查河南山東河道總督一
缺從前事體煩重因黃河經由河南山東兩省所轄黃河隄工共十四廳而又有運河六
廳且完漕數百萬石糧船絡繹北上人夫衆多宵小易於溷跡濟寧爲山東門戶亦須大
員彈壓是以設此駐於濟寧以其專治兩省黃河又治運河兼催漕運事固繁劇非巡撫
所能兼也迨咸豐初年河決銅瓦廂之後河南黃河工裁去五廳山東黃河工全行裁汰
是黃河工惟有河南現在之七廳其運河工惟以捕河所屬自戴廟至張秋鎮一段爲最
要因彼時河臣防河駐於豫省捕河運道遂改歸山東撫臣就近派員隨同運河道辦理
循爲成案是運河之事亦大減于昔年矣河運之米不過十萬石視從前祇三十分之一
船小而人亦無多無復有匪徒藏匿其內則彈壓亦不須大員矣是以河臣常駐開封誠
以黃河工爲重也然黃河即在開封城外距城只二十餘里河南撫臣極可兼顧且撫臣
本有兼理河務之責若將河南河工交河南撫臣兼辦山東河工交山東撫臣兼辦於事
理極爲允協不至有鞭長莫及之慮臣初膺任時即思維及此時因東省方有治河之議
果其興工則事關兩省城須有大員督辦是以未敢遽即請裁此缺今既未舉大工再三

揆度總河實非必不可少之官莫如裁汰以期省費省事臣披閱舊牘見同治元年御史劉其年即有請裁總河之奏二年親王僧格林沁亦有此奏奉旨交議經前河南撫臣張之萬以詳加體察再行奏請覆奏以至于今臣揣張之萬之意亦祇因山東河勢未定撫臣或不能兼顧耳今又閱數年臣詳加體察目前東省臨黃皆係民埝已無官工並運河皆可歸於巡撫兼管豫省黃河距省極近亦可由巡撫兼管山東撫臣丁寶楨署撫臣文彬皆在山東多年於河工極爲熟悉河南撫臣錢鼎銘講求河務利弊已及三年與臣同心併力克奏安瀾以之兼辦運河黃河皆綽有餘裕斷不至於貽誤夫總河雖不爲冗員然分併其事於撫臣而不至於貽悞則亦不必定設此總河之官縱慮將來山東仍有黃河工程或非巡撫所能兼管顧其事尚遠目前總河暫裁但關防不必銷毀封存藩庫如果數十年之後情形又復不同仍設總河亦甚易也臣去年曾有添設泉河通判之請今乃請裁總河兩事似爲不類因泉河分隸十七州縣散而無紀必須有專員以責其成是以增設通判黃河運河本分兩省公事少於昔年改由兩省撫臣兼辦洵爲簡易是以擬請裁汰總河皆係酌度時宜不敢逞其臆見可否仰懇飭下吏工兩部會議如臣言可採

荷蒙允准施行所有河工候補人員應如何分撥河標各營應如何分隸及未盡事宜容

臣妥議具奏

光緒元年六月河道總督曾國荃奏查看黃河上游兩岸各廳工程情形疏曰竊臣前將接印任事日期具奏後隨將應辦事件逐一料理即行馳赴南岸下南河廳沿隄溯查而上復由北岸順查至下北河廳而止查上南河廳爲南岸最要之區首受出山之水如滎澤汛十堡乃滎工金門鄭州上汛之核桃園邵家寨胡家屯鄭汛五堡至十一堡石家橋等處並十四堡來童寨十七堡裴昌廟以及中牟上汛楊橋大壩或爲近年極險之工塼石毗連埽工櫛比或爲舊時吃重之所大河切近隄工沙鬆中河廳中牟下汛三堡前係大河後係積水深塘平日黃水高於清水數尺大汛水長之時則高於清水一丈有餘單隄一綫勢若建瓴全恃埽工捍衛八九堡乃中牟舊工一片飛沙河勢趨注不時下南河廳爲省垣屏障十九堡蓋壩順河埝一帶係屢歷年奮險下首二十堡曾經搶辦巨險隄土純沙舊埽朽腐河勢現又裹臥塌及壩頭而上首十七堡上年新生埽工十餘段溜若再行逼注又恐接生埽段此南岸三廳之工程情形也北岸黃沁廳經管黃沁兩河黃河

之工以攔黃埝爲最要沁河之工以蓮花池爲至險衛糧廳十四五堡東圈埝爲衛工舊日金門土性純沙大溜北趴前面嫩灘僅存十餘丈祥河廳祥符上汛十五六堡一帶埽工林立大河靠北而行上提則斜趨十五堡下卸又直射十六堡下北河廳祥陳汛頭二堡緊接祥河十六堡兩境相連輿爲唇齒蓋黃河之水變幻不常趨向無定上游溜勢外移對岸有灘挺峙下游必致折而裏趴若上游工段著河一經埽壩挑托下游自見輕鬆以故歷年兩廳險工互有輕重此北岸四廳之工程情形也以上各廳情形雖有不同而防守之方要不外乎工堅料實未雨先籌向來歲修廂工埽石皆於年前預辦嗣因軍務繁興司庫支絀工需籌撥維艱遂致棘手

光緒元年十一月河東河道總督曾國荃奏稱竊臣前准部咨欽奉上諭丁寶楨奏現辦隄埽兩工情形請設立廳汛一摺著該部會同河東河道總督妥議具奏欽此部臣以黃河水勢何處險要廳汛應設何處未便懸擬令臣詳細履勘體察情形專摺覆奏再行核辦奉文之際時值大汛臣正在黃河上游督飭修防奏明暫緩赴東嗣於霜清後赴濟寧閱伍查勘運道即親履隄工委員逐段丈量查自蘭陽汛十堡起至運口十里堡止計程

三百三十餘里內惟菏澤縣新工下首隄工共一百九十餘里頂寬三丈底寬十丈高一丈四尺係買工合龍後丁寶楨督率辦成者屹立整齊堪資防守惟切近大河迎溜坐灣之處尙宜酌量幫寬其餘民埝或高數尺至丈餘不等且土性沙鬆已難擱禦汛水而蘭陽口門以下至長垣縣境七十里則尙無隄岸如設官防守須先將該處興築隄工並將民埝卑窄段落一律幫培高厚再行設官方免下防上潰之虞查上游黃河大隄頂寬六丈至十餘丈不等今縱不能如上游隄工之寬厚而臨黃緊要工段亦須量爲加寬始能堆料廂埽竭力防守以捍不虞第以土方核計銀欵約非二三十萬不辦値此經費支絀焉能籌此鉅欵若欲借資民力則下民昏墊已久詎能踴躍從公然察看無隄之處溜勢若一倒注不獨山東境曹單金魚鉅嘉等縣漫淹入湖淤塞運道而江境淮揚通海財賦之區亦大可慮臣再四思維擬於無欵可籌之時作一變通辦理之計查河南蘭儀境內應築隄二十里直隸長垣境內應築隄五十里及該工下首並東明境內卑窄隄工應行幫培者亦復不少擬請由直隸督臣河南撫臣於各省派撥將備酌帶練軍練勇前往興築兼由河工派撥明白工程弁兵幫同力作務令層土層硪堅實夯打一律鞏固其東省

卑薄隄埝仍由山東撫臣派令現在駐隄勇丁擇要增培凡於溜勢趨注段重要落量爲加寬然後分設廳營汛弁兵夫按段駐守庶幾聯爲一氣免至溜再旁趨至於北岸地勢本高且有舊日金隄蛇峙於二十里之後實足藉資衛護北岸土地人民目下先其所急理宜防守南隄爲保全山東運道及江北財賦之區一俟各工辦理完竣便可設官照舊修守惟念國家制用有常設官則經費難籌若將從前裁撤乾河廳營汛各缺及已裁兵夫酌量移撥以免另行添設爲力較易而爲費亦較省查銅瓦廂失事後下游河涸工停南北兩岸裁撤同知二缺通判五缺州同一缺州判一缺縣丞四缺主簿六缺巡檢二缺經歷一缺都司一缺協備六缺千總三缺把總分防十一缺共裁撤文武四十五缺裁撤額兵一千零九十名又裁堡夫七百二十四名現擬先就南岸新隄劃分段落設同知三員通判一員州判一員縣丞三員主簿四員巡檢二員都司一員守備二員協備一員千總三員把總二員分防五員以上各缺均於已裁各缺內酌撥復設惟所裁缺內並無守備應於協備缺內改爲守備二缺共計移設二十八缺額外外委十一名向於記名外委內拔補並撥兵六百二十四名堡夫四百九十五名將隄岸劃分段落酌定廳汛名目其

直隸河岸地段較少應分隸於河南之蘭埧廳與山東之菏明廳就近兼管以免隔河呼應不便以上四端惟蘭埧廳應隸於開歸陳許道管轄其菏明廳濮鄆廳鄆壽廳均應隸於兗沂曹濟道管轄第隄岸既立則每歲修守之資即應預爲籌備查從前河南蘭儀廳山東漕河糧河曹考等廳另按各案雖無一定之數而每歲修守約共需銀二十餘萬兩蘭儀用款歷由河南籌撥今日創始修守應與舊章無殊每年實需銀若干原難預爲懸擬必須試辦二三年方知大概規模以後每廳每年需購歲料若干歲廂若干塼石若干防險銀若干似應察看各廳情形就工程之繁簡埽壩之多寡以定銀兩之數目三年之內由各道廳稟明河臣親自履勘險要秉公酌中定議方可以垂永久之科則至於此次工需應請飭部預行議定指明由山東河南照數撥款以便丙子年設廳之後遵照辦理其餘一切未盡事宜俟部臣定議具奏後再由山東河南撫臣飭令兗沂開歸二道隨時具稟杳部示復遵行

附豫省境內應行修築南隄及設官防守事宜單　一銅瓦廂西壩頭應廂做裹頭埽以免再塌也査自咸豐四年銅瓦廂失事以後已歷二十餘年從前兩壩雖經盤做裹

頭而料物早已朽腐淨盡錢糧支絀籌辦維艱口門愈刷愈寬現已塌寬一千四百五十餘丈東壩淤出老灘八百餘丈逼溜西趨以致西壩陸續隨塌上首坐灣灣愈大而溜勢愈向東南側注以致蘭通一帶喫重應須先將西壩裁寬並築圈埝外廂裹頭護埽免其再塌並於裹頭埽上下首酌拋磚石壩挑順河溜使之逢灣取直以期水患較輕　一銅瓦廂以下無隄之處應築做隄工使與上游大隄接頭以便防護也查東壩以上蘭儀境內夫十堡起至于圍止計長二十里下接長垣縣轄雙樓起至劉樓止計長五十里均無隄壩必須一律築做大隄收頂寬三丈底寬十丈高一丈四尺坐灣迎溜之處加寬二三丈以免黃水外泛　新設蘭垣河廳同知一員都司一員共管隄工八十里帶管銅瓦廂東壩頭內分　蘭陽下汛巡檢一員分管隄工二十里堡夫三十二名　蘭陽下汛分防一員分管兵夫四十名額外一名　長垣上汛縣丞一員分管隄工三十里堡夫四十六名　長垣上汛千總一員分管兵夫九十名額外一名　長垣下汛主簿一員分管隄工三十里堡夫四十六名　長垣下汛分防一員分管兵夫五十名額外一名　以上一廳一營六汛應統歸河南開歸陳許道管轄其關山東者不錄

光緒二年河東河道總督曾通飭河工防汛章程　一臨河埽壩應常儲料土錢文以資儲備不可稍有短缺也查各廳修防以埽爲最要所需正料雜料積土早則歲前遲則汛前無不相機預備其防險錢文應照章程如法封儲以防搶險外至捆廂船隻務於入伏日卸去篷桅捆好預備諳練椿埽之弁目亦於是日全行上壩分管埽段如違一併責革仍將該營廳嚴辦不貸　一埽工淤閉隄身坐灣等處應察看河勢灘面妥爲預備也查豫省河面寬闊流行無定河勢之趨向灘面之寬窄時有變遷不容稍忽而埽工淤閉之處生工甚易每遇河水漫灘之時隄身坐灣之處兜風必多如河勢近而塌灘速即應由該廳轉運料物錢文堆儲該處以備應用應責成各武汛督令駐堡之外委早晚察看遇有塌灘處所隨時馳報如敢率忽並不隨時稟報所有汛弁外委應由該廳營稟揭如汛弁查報而廳營不爲預備即將該廳營嚴參其灘面串水溝槽先經由道飭廳查勘堵截仍恐尚有未到之處必須隨時填堵夯硪堅實或編柳數道攔截俾漲水漫灘逐漸淤平不至行溜生險每遇長水上灘之時尤應逐日察看並將所管大隄先行按堡逐細確查以某丁某日誌樁存水若干作準計隄高灘面若干灘高水面若干灘唇又高隄根若干灘

面寬窄若干難據造册呈送仍應隨時勘查報廳彙摺開報以備防禦斷不許畏難憚煩致誤機要察出定干重咎不貸　一長隄頂坦應責成各堡兵夫分段巡查不許稍有疏懈也查大隄無工之處距河較遠來往人少恐致忽略鼠穴獾洞由此而多走漏窨潮由此而起河防之患莫此爲甚查獾鼠來去無定必須時時搜捕方可放心非僅於春間簽試一次即爲了事應於天晴之日責令各堡兵夫二名一走裏坦一走外坦輪流察看一有形迹即行搜捕毋許一日一人稍有曠誤若遇天雨之日則隄頂隄坦分投察看遇有水溝即用淤土填築分外堅實其浪窩深陷之處更須刨挖到底堅築新土不得率用沙土浮鬆干咎此係隄根無水尋常巡防之事若遇漲水漫灘則無間風雨每日每夜應令兵夫按循環號簽輪流往來如由隄頂前往者即由隄後坦坡下面而歸由隄後坦坡而往者即由隄頂而歸巡隄頂以察水勢風浪巡隄後以察獾鼠窨潮二者不可偏廢一刻不許斷人如有違玩除將該兵夫及分段防守之外委責革枷示外該防汛委員一併查究　一盛漲漫灘如隄頂出水僅止二三尺應即搶加子埝也查大隄從前頻年加高又經普加子埝本已足禦盛漲惟近年因錢糧支絀未曾普律估修而河底逐節墊高漫灘

河南印刷局印

甚易每遇漫灘一次即淤高一次若本年漲水漫批隄根難保隄頂出水一律仍高五尺兩岸大隄均有籌辦積土鱗貯各堡如有隄高河灘水面止剩二三尺者應由該堡外委查明一面馳報汛委廳營各員一面督率兵夫赶將隄脣土牛粉成子埝並將隄後之土粉澆隄脣總以高出水痕爲度俾資攔禦其隄後如有窨洞走漏或用鐵鍋或用棉襖立即如法倒挖堵築堅固均毋刻延儻有違玩致成險工除將外委兵夫責革枷示外廳營汛委各員一併嚴參　一長隄各堡防工器具應行酌添以資應用也查蓑衣箬笠鍬筐夯杵榔頭燈籠雨傘鐵鍋銅鑼棉襖棉被各器具各堡例備一分但思雨傘燈籠鐵鍬筐担如止各備一分究屬不敷應用應行量爲酌添每堡每夜應給燈油點掛壁燈其巡查隄工則須各給牛燭所有添備器具若干需錢若干每夜牛燭錢若干均由廳核明查照從前章程稟道給發其牛燭錢文或按五日一發或按十日一發應令分段防守之外委稽查如有領錢不買及領出後不留工用者惟該外委是問至添備器具如尚有不全及不能適用者惟該廳汛是問　一長隄各堡兵夫應添派委員外委遞相稽查以免偷惰也查兵堡每座有兵二名夫堡每座有夫二名本屬定額不少但近來除伺候差事外大

抵歸家之時多而上隄之時少每交大汛雖由該廳造送花名册摺亦屬有名無實一經查究或稱下隄喫飯或稱赴塲聽差既不替換巡隄又不輪流在堡實堪痛恨應選派認眞防守之外委分段巡防其夫堡二座仍派一外委分段防守由道開册稟送查核責令每日遞相巡查毋許一日不遇如有巡隄不力夜晚燈燭不備者外委報知委員輕者委員即行懲處重者稟廳從嚴責革倘知而不報報而不辦則委員外委定干嚴辦　一防隄委員應酌給薪水以資住堡巡查也查兩岸各廳在在緊要現任廳營汛員汛地較長耳目難周必須派委候補人員協同防守以期嚴密除所派同知通判職分較大毋庸議及薪水外其州同以下佐雜微員分堡駐防無店可住每人所管約二三十里每日無分晴雨往返一週計四五十里又屬非馬不行一僕一馬勢不能省所需日食喂養自入伏日到工起至霜清日止計一百日上下需次微員力難措備應按每員每日給薪水錢八百文俟委員派定後由道核發開摺報查仍於霜後籌銷

光緒七年十一月吏部兵部會奏稱內閣抄出通政使司副使張緒楷片奏再昔庫欵充裕時東北兩河修防歲發數百萬保奬照軍營例處分亦嚴自部庫支絀歲修不及其半

處分乃因之較寬然使大臣督率有方員弁力加振作實事求是涓滴歸公未始不足於用無如積弊已久減料偷工視爲故事甚且敷衍彌縫以致日就廢弛動輒潰溢當險工迭出之時不謂可慮轉覺可喜以爲獲咎不過革職留工耳不數月間修復即開復原官依然故我又可多領帑項從中侵漁此其尤堪痛恨者也非嚴爲懲創不足以示警應請飭部嚴定處分一經革職永不敘用並不准留工效力謹奏光緒七年九月初二日奉上諭通政使司副使張緒楷奏請嚴定河工獲咎人員處分等語著該部議奏欽此欽遵到部查定例修築黃河隄岸定限保固一年如於半年內衝決者將經修防守之同知通判州縣等官均行革職道員降四級調用總河降三級留任俱公罪如於半年外衝決者將經修防守之同知通判州縣等官全行革職道員降三級調用總河降二級留任俱公罪如已過保固年限衝決者經修官免議將管河防守各官俱革職戴罪修築道員降二級調用留工督修工完開復總河降一級留任俱公罪又定例凡隄岸衝決河流遷徙者照前例處分外若隄岸因河水漫決河流不移係在保固限內者令經修官賠修在保固限外者令防守官賠修俱革職留任戴罪限六個月修完道員降四級督賠工完

開復如限滿不完將賠修官革職道員照所降之級調用總河降一級留任俱公罪未完工程仍令賠修又定例河南省應修水利如有虛冒錢糧侵蝕入己以致工程不堅者將承修之員參革治罪私罪各等語此案通政使司副使張緒楷奏河防減料偷工日就廢弛動輒潰溢當險工疊出之時以獲咎不過革職留工不數月間修復即開復原官又可多領帑項從中侵漁請嚴定處分革職永不敘用並不准留工效力欽奉諭旨著該部議奏臣等查河隄衝決經修防守各官處分定例已極周備溯自咸豐十年六月裁汰冗員節省浮費以來處分仍照定例并未因之較寬該副使所稱減料偷工全飽私囊以致動輒潰溢迨險工疊出又復多領帑項從中侵漁等語此等情形近來河工恐在所不免自應嚴定處分以昭炯戒應請嗣後河工修防各員如經該上司奏參有減料偷工從中侵漁情事應即比照河南省應修水利如有虛冒錢糧侵蝕入己以致工程不堅者參革治罪例一律議以革職治罪如此從重辦理較之該副使原奏尤屬加嚴庶足以杜浮冒而重帑項兵部查定例修築黃河隄岸定限保固一年如隄岸半年內有衝決者將修防守備千總把總外委等官均行革職公罪遊擊參將等官降四級調用公罪如過半年外衝

決者將修防守備千總把總外委等官全行革職公罪遊擊叅將降三級調用公罪如過固限衝決者經修官議處管河防守各員革職公罪戴罪修築遊擊叅將降二級調用公罪督修工完開復若固限之內修築之官已去而防守之官疏忽致有衝決者將原修防守之官一體處分其限內本官所修隄岸衝決隱匿不報揑作未經修築處所申報者修防各武職革職私罪遊擊叅將降五級調用私罪一凡隄岸衝決河流遷徙者照例前處分外若隄岸因河水漫決河流不移係在保固限內者令經修官賠修在保固限外者令防守官賠修俱革職留任公罪戴罪限六個月修完遊擊叅將降四級公罪督賠工完開復如限滿不完將賠修官革職公罪遊擊叅將照所降之級調用公罪未完工程仍令賠修如賠修逾限不完遊擊叅將不行揭報各降三級調用私罪又定例隄岸衝決處少而該管官報多者降三級調用私罪不行確查之遊擊叅將各降二級調用公罪各等語今據通政使司副使張絡楷奏河防減料偷工日就廢弛動輒潰溢又可多領帑項從中侵漁請嚴定處分革職永不敘用並不准留工效力欽奉諭旨著該部議奏臣等查河隄衝決修防武職各官處分定例已極周詳惟該副使所稱減料偷工全徇私襲以致動輒潰

溢迨險工迭出又復多領銀項從中侵漁等語此等情形爲臣部例所不及自應嚴定處分以杜弊端查河工文武事同一律應請嗣後河工修防武職各員如經該上司奏參有減料偷工從中侵漁情事即從嚴議以革職治罪以懲貪墨而重工需

光緒九年十二月工部奏稱都水司案呈內閣奉上諭御史吳壽齡奏黃河修防亟應統籌全局變通盡利一摺著該部議奏欽此欽遵於十月初十日抄出到部查原奏內稱東河總督專辦河南工程兼顧運道而下游修守之工其在開州東明長垣者則責之直隸總督其曹州兗州等屬者則責之山東巡撫今則黃水大溜全注山東大清河不能容納奇險百出災患頻仍臣聞河督所轄七廳南三廳尚須籌工積料北四廳則直一無所事實則徒有其名查同治初年御史劉其年親王僧格林沁先後有請裁總河之奏至十三年河臣喬松年復請裁撤良以身任其職洞悉情實而後奏請臣以爲直隸山東既專歸督撫辦理則河南黃河即在開封城外縱有工程交河南巡撫兼辦亦不致有鞭長莫及之慮此時將河道總督一缺仿照南河裁撤則歲省之六七十萬金以之移辦山東險要工程實覺大有裨益如以爲設官分職未可輕議更張即請責令河東總督統治全河總

理上下游修防事宜其廳汛如何移置並懇飭下部臣會議斟酌妥善俾各有專責等語臣等查河東河道總督一缺從前所轄黃河隄工共十四廳咸豐年間河決銅瓦廂之後河南黃河工裁去五廳山東黃河工二廳全行裁汰僅留河南現在之七廳同治元二年御史劉其年科爾沁親王僧格林沁先後均有請裁總河之奏嗣因黃運河工關係匪輕未敢率議裁撤迨十三年前河臣喬松年奏請將河南黃河改歸河南巡撫兼辦山東運河改歸山東巡撫兼辦並將總河裁汰經臣部以巡撫有地方之責若再以河務責成未免有顧此失彼之處會同吏部議駁在案今該御史奏稱南三廳尚須籌工積料北四廳則直一無所事以歲銷六七十萬金移辦山東險要工程大有裨益等語查豫省近年河督奏報搶險工程南岸固多北岸亦復不少即如本年該河督奏報黃沁廳攔黃埝祥河廳十五六堡等處水勢洶湧匯坍塌隄岌岌可危不得謂北岸四廳直一無所事惟北岸險要減於南岸是以歷年動用錢糧北岸祇居三分之一而南岸實居其二溯查數十年中決祥符決中牟決滎澤歷次大工多在大河南岸甚至黃水灌入洪湖湖底淤高遂爲淮陽鉅患可見三廳防汛不特爲豫省要工且關繫江淮全局況黃河爲患河南與山東

情形不同黃河之在山東者水由地中祗因河身逼窄不免漫溢爲患黃河之在河南者河在地上全恃隄工爲保障一有疏失勢若建瓴自同治七年河決滎澤後屢出險工所以不致潰決者未始非廳汛搶護之功若以歲銷六七十萬金移辦山東河務恐山東之水患未除而河南之水患又劇此不可輕爲更張者也第南北七廳歲銷銀數屢經臣部於比較時請飭撙節該河督總以險工迭出礙難刪減爲詞其中有無浮冒非臣等所能臆斷至所稱責令河督總治全河並議移置廳汛一節查河南至山東海口轄境較遠該河督能否兼顧應請飭下河東河道總督山東巡撫會同妥議具奏

光緒十一年議准河工辦料以廳員爲專管以守備爲兼管辦工以守備爲專管以廳員爲兼管互相稽查如廳員備料歲內不能全到守備容隱不報經該管上司查出廳員降三級調用守備降一級留任守備修做埽工不能如式廳員容隱不報經該管上司查出守備降一級調用廳員罰俸一年如辦料依限辦工如式該管各道具結呈報該督查勘儻所報不實除處分廳管外將該道照例查辦

光緒十一年議准黃河兩岸隄工內外居民無論本省隔省需用修防之處該廳員即知

河南印刷局印

照地方官一體調撥儀地方官藉詞推諉照協辦大工遲誤例議處

光緒十一年奏准河南省開歸道屬豫河營額設兵六百四十一名裁減三十二名河北

道屬懷河營額設兵七百一十九名裁減七十二名

光緒十二年十一月河東河道總督成孚河南巡撫邊寶泉會奏稱竊臣等欽奉上諭游

百川奏東省河工仍宜兼用張曜初議分流入故道之策請仍飭各該督撫會商堅意舉

行等語前經諭令張曜會商曾國荃等將減水分入故道一節妥議具奏又於七月間寄

諭催問迄今尚未奏到仍著曾國荃等迅速會商限於一月內覆奏毋得畏難推諉致誤

大局等因欽此遵查山東撫臣張曜前經奉命查勘山東黃河情形酌擬辦法案內據稱

全河挽歸故道勢實難行若減分黃流十分之三歸入故道足以容納惟蘭儀縣乾河口

必須橫築大隄緊接兩岸中間建造帶歸石壩分水多寡庶有限制等語奏奉諭旨飭令

該撫會商曾國荃等妥議具奏等因欽此臣等遵即分別委員分赴乾河南北兩岸同自

蘭儀縣乾河口起南至河南虞城縣北至山東單縣各交界止會同沿河各州縣逐段詳

細履勘去後旋據稟稱勘得兩岸隄工南岸虞城商邱二縣境內殘缺不全者約計長四

千一百二十餘丈北岸之考城以至單縣約計二百六七十里所有隄段或冲刷殘缺或築塞剷斷南面陡坦悉如削壁均應普律加築高厚餘雖尚存舊址亦須隨宜修補至河身沙淤計睢州蘭儀境內共有二十六段牽長約共三千二百餘丈此外河身間有沙積寬長不等但多係飛沙隨風聚散遷徙靡定以上二項工程浩大款實匪輕舊河槽內雖廬舍無多而切近老灘以上皆有居民若僅引河疏導東趨深恐河溜變遷仍不免泛濫爲害至於蘭儀縣境乾河口建築帶廂石壩亦經會集詳勘挑挖試驗挖至七八尺以下即係沙水相閒無從得底而建築廂壩惟恐根基難立是建廂分流之能否有利無害實不敢輕擬懸定等情稟經臣等復飭司道等悉心籌議旋據會議詳稱所有修復兩岸隄工挑濬上下河道遷徙河灘居民其辦理難易情形姑勿具論而以引水分流建築廂壩實爲第一緊要關鍵現經詳加體察其窒礙難行之處約有數端查黃河北徙已歷三十餘年今以數十丈之引河而欲導之分溜南行恐黃水之性未必即受約束且查乾河口門之南有積年沙灘挺峙現高水面二丈餘尺至三丈餘尺於此挑挖引河能否有成殊難逆計其窒礙難行者一也黃河挾沙而行溜緩則淤溜急則變假使引河挖成而竟能

分溜無論其歸入故道以後溜行能否通暢河勢有無變遷即此導入引河之溜儻或溜行濡滯難禁其不旋踵而淤若果不致淤閉而順勢南趨以衝突無定之河萬一掣動全溜建瓴而下則下游之受害又何堪設想其窒礙難行者一也黃河兩岸靠隄築埽僅止挑溜而不逆溜尚且潰塌加拋往往無所底止今攔河建立廂埽即使土性堅凝修築穩固而河溜奔騰無堅弗破一經擡擊難免塌陷水中既無從施工而石質橫梗於中河勢愈激愈怒又不知作何變態其窒礙難行者三也豫省沿河一帶本屬土性沙鬆而乾河口門舊日河溜經行之處或係層淤層沙挑挖深至數丈仍難得底或挑至數尺以下即係沙水相間人夫不能站立建築廂埽即無可憑之基則事難規始何以圖終縱令竭力經營恐亦毫無把握其窒礙難行者四也而況下游隄岸殘缺卑薄應修段落過多河道淤墊沙積應挑地段甚長灘內民田廬舍切近河身必須設法遷移尤非易易司道等反覆推求事關全局不敢不據實直陳等情詳請核辦前來查乾河情形前經臣成孚先於五月間由濟旋豫順道沿河履勘核與該委員等所稟無並異親詣乾河口門逐加詳勘建廂處所河勢趨向無定疏導維艱廂有定所而溜徙靡常殊難得吸引之勢況積沙成

堆高下懸殊挑挖導引施工亦屬不易並將壩基挖槽試驗深未及丈即已見水澥沙深厚之中而欲堅立根基恐難期有成效且分流一層僅分漫水則於事無濟倘分正溜又恐掣動全河建瓴下注舊槽設或不能容納勢將冲突旁趨爲患何可勝言當與臣寶泉一再確商詳加覆核該司道等所議各節委係實在情形事關重大自應恪遵諭旨再三詳審以期有利無害前於七月間將業經窒礙情形會咨山東撫臣張曜定議會銜奏覆去後尚未接准咨覆茲奉旨諭勅議前因適臣寶泉閱伍歸途復經馳赴睢寧蘭考各州縣乾河一帶暨銅瓦廂口門親歷復勘悉與臣成孚所勘相同再三籌議意見亦復相合應將乾河上游情形先行覆奏以免稽延竊維前項工程如果有利無害自應殫竭圖維力任其難何敢任聽屬員卸責之詞畏難推諉致誤大局第分流之策當先於上游建壩創其基再議於下游隄防束其勢築壩則窒礙既多分流更毫無把握黃河天險豈有幸其不奪溜而姑爲嘗試之理更易致聽其奪溜而致滋貽誤之患萬一全河奔騰下注區區壩壩勢難抵禦狂瀾未有不潰決而塌陷者是名爲三分實不可不作十分准備工程既繁需款過鉅現就以上應辦各工約略估計已非千萬金不辦若隄防一切處處完缮其

費更有難以數計者且前項築壩減水縱使勉力圖成溜僅三分入故七分留東是東省之河患未必遽形輕減而江豫之河防不免因而轉增通盤籌畫似亦非宜臣等統籌全局至再計議不敢不將窒礙情形據實瀝陳

光緒十五年河東河道總督吳大澂片奏稱再輿圖之學古人不如近世之精海道長江各圖與海防江防大有裨益輪船管駕測量水道頗有輿圖以爲表則畫山必及四址山麓所占之區非實測不知其寬廣繪水必及沙灘河脚所占之地非實驗不知其淺深而黃河之曲直寬窄與河防關係尤重向來繪圖多出吏胥之手僅知大略並不開方計里河臣治河求一詳細河圖而不可得中州官吏士子亦無精於測算之人風氣未開難求實效臣擬於汴省設立河圖局咨商南北洋大臣兩廣總督船政大臣遴調津滬閩粵各局熟諳測繪之委員學生二十餘人咨送來豫分段測量自河南之閿鄉縣黃流入境之處至山東之利津口止繪畫全圖刻成精本亦河工善後之一端雖河道時有變遷而隄岸之寬狹何處頂衝何處坐灣隄內之老灘嫩灘新壩舊壩隄外之水塘土塘官地民地大小諸河之會合南北各山之毗連城郭村莊之遠近疏密皆可一目瞭然有定之界址

既可按籍参稽其無定之灘河亦可隨時添注實爲講求河務不可少之圖

河南印刷局印

光緒十六年八月河東河道總督許振禕奏稱竊臣呈准軍機大臣字寄光緒十六年六月十三日奉上諭給事中張廷燎奏河南河工積弊亟宜革除並陳管見一摺據稱河南兩岸七廳每歲發帑六十餘萬由藩司撥至道庫發給各廳層層折扣求十萬到工亦不可得嗣後請由廳員徑向藩庫領款每年酌提一成爲辦公之需二成存儲藩庫爲購石築壩之用其七成盡歸工上廣購料垛土方以備搶險培隄並嚴定偷減處分等語河工積習甚深亟應認眞整頓著許振禕倪文蔚破除情面將一切尅扣偷減等弊嚴行查革至所稱迎溜築壩分別提款備用之處均著詳加酌度妥議具奏總之河工以覈實爲主少一分浮費即多一分實用該督等務當悉心籌議力求經久之方不得稍有隱飾以仰副朝廷愼重河防至意原摺著抄給閱看欽此遵旨寄信前來臣欽奉訓諭周詳莫名感悚惟時撫臣倪文蔚適已因病出缺臣自接河篆未及兩月即馳抵工次搶險一切積弊未及周知因與護撫臣廖壽豐會商札委妥員密查在案臣惟聖主有核實之政則羣才鼓舞當共奮於功名微臣忝宣防之司當激發天良何敢避夫勞怨臣昔官河北道値欽

河南印刷局印

差大臣孫鉞汝烏拉布奉旨查辦河工臣即以改章裁款之說進幾爲通工之所不容今復叨荷天恩畀以全河總任是臣仰酬高厚生成在此時矣履任以來痛自振刷誠不免爲枉過當然臣必以坦白習勤可任屬僚之推究庶幾執法整頓亦當退無後言今按張廷燎所奏其指斥弊端未必無因亟應詳查禁革其條陳辦法略得近似尙須切實講求如所稱由司發款道廳皆具空文印領由該道塡註數目塡註一萬祇發五千此五千復有折扣等語臣官河北道時歷查各前任未嘗有此推之開歸道亦當復然顧此語風傳已久密訪各廳諉之使言且囑無所顧忌不妨揭出以紓患苦乃該廳等合詞稟覆堅謂無之意者大汛將臨該道每酌留若干以爲搶險之用工多則多給遂有參差而領款少者不免怨望物議之來或即由此至折扣一節查除減平部飯等項應隨發款坐扣外未聞別有折扣若霜柵名目早經查禁停止自鄭工失事河上益復蕭條雖查無確據之弊端不得不變法以杜其隙應如張廷燎所擬准令各廳赴司領款則兩道不與支放之事自可不沾尅扣之名稽查維持實有裨益臣等仍通飭所屬大小衙門如有折扣偷減情弊除嚴參治罪外仍按款追繳不貸至近溜埽壩一節本係正辦臣初至力主此說今搶

險一次乃知小險則拋石可禦大險則非廣用楷料鮮有濟者磚石保帑楷料保變此定理也石壩既多自可省埽亦定理也然其要皆在得人有切實可用之人即有確切不欺之工且必有簡便不多之費謂立一法而能永除積弊者從古無是道也謂得其人而不能破除積弊者亦無是理也張廷燎又請酌提一成爲各衙門辦公之需查河南自道府廳皆經宗瀛奏定公費而以開歸河北兩道屬之河工事同一律自應給予公費現查督撫兩道七廳共十一衙門自幕友委員差官至胥吏外工走卒月領口糧者不下數千人約計非七萬五千金不敷擬請以此垂爲定額亦僅少逾一成之數此臣等就張廷燎所奏斟酌妥議之實在情形也抑臣更有請者河工實爲漏卮朝廷豈不深知特以天事無定故每不能責實不知河或改道北流改道南徙此自天意不關人事然必至數百年而一變或數十年又若前歲鄭工潰決全河奪淮入湖奔流年餘並未入海不知此水消歸何處此自變異不可以人理測他若各廳修守皆有舊章歷年河勢可得大概但使去隱飾而歸實心即可籌穩計而得良法何至年年添款事事額外在工倘以爲不足局外直斥爲侵漁臣實羞之故改章之舉早審此念言官條陳河工重在惜費臣之條陳河工

河南印刷局印

重在保險先保險而後籌減費人之所共知也先減費而敢任保險人之所不敢言也此事固非改章不能行實非河臣身任其事亦不能行臣請先膿積弊後明辦法一一陳之其一曰把持之弊各署皆曰幕友河工獨曰庫儲其餘例案全不知之獨抄撮部中報銷之册以爲秘本其在河督署中者則以險工恐嚇使之不敢擬議更張而於奏報無工處所亦必故作張皇鋪排以爲見好受酬地步其在河道署中者則以力請添款暗阻發款爲務其在各廳署中者則以節省工料勸留銀錢爲務此弊不除各官皆爲朦蔽而河臣受累尤深故臣此次抵任即不延用庫儲業論諱然臣不爲動二曰轇轕之弊各廳歲辦稭料磚石本係領款所購而於交卸時復將餘存列入交代且於道庫陸續扣領故有已故廳員其子孫仍支領一二十年者因之有料亦不辦公留積異日家私其實稭料早化灰塵磚石亦歸烏有紙上鑿空坐收實利此弊不除實屬不成事體故臣此次改章於霜降後查取各廳所存稭料磚石概行充公不准再立交代名目以斷葛藤其三曰失算之敝大凡稭料早買則價廉後買則價貴磚石先辦則有濟後辦則無及同一支放早則可供急變之需遲則必有貽誤之患查河工歟項名目紛紛有所謂額歟者有所謂奏添節

省防險者有所謂另案磚工埽工土工石工者其實皆取之司庫分別各名以便報銷而弊端即由此出約計每年報銷六十餘萬而司庫必陸續撥給或遲之又久而撥給有事不能爲先時之備無事究可便中飽之私以至遇險而故稱墊用河臣尙不能稽核部臣又安得而考察之哉此弊不除無從核實今臣擬定改章每年請欵即以六十萬爲率尋常搶險似可不必加添而將各種名目概行不用特定名目曰歲修額欵六十萬而已擬請司庫定於每年十月發四分之一以辦稭料磚石次年二月發四分之一以辦春鑲埽工次年五月發四分之一以辦大汛防險次年七月發四分之一以辦善後各工眉目犁然免至所報非所用所用非所報於是河督道廳人人有保固之責不得不講求不得不節省無意外之希冀則必無意外之鋪張有先事之取資即可責先事之實政按時課功不能遁失其四曰忙亂之弊河臣以公事責之兩道兩道以公事責之七廳七廳以公事責之外工問其底蘊半未深悉遇有險工加倍張皇即求添款計較已定先請河道次請河督至則人工紛紜無從稽核用料無料用石無石臨時採辦輒稱借墊河道茫然河督默然但添款了事而已不知歲領之款所辦何事何至有工即價竭厥謂之無弊其誰信

之此弊不除則奏報幾無實濟臣愚以爲既爲此官則當各任其事與其因人誤事而自被罪不若奮身任事而可認眞故臣此次改章擬以身先率屬先事預防庶不淆混四弊既明然非另設河防一局究竟不能更易舊轍積久終屬空言何也河工習氣已深耗費亦甚即發款盡歸廳員而廳員每辦一工實比外人所辦昂貴數倍蓋其受制非止一二人開銷不止一二處所從來遠矣各廳如此一廳豈能獨異印委員弁可借上司彈壓至於不在官之人招用不能過嚴也應分潤之人有工不能盡省也臣擬設局比較庶可除去其弊如同辦料石臣局之所報如此則各廳之價豈得頓相懸殊每遇險工臣局先有人專司則各廳之人究亦無從蒙蔽故臣擬請歲支銀六十萬其四十八萬概歸七廳赴司分四次領支另撥十二萬兩設一河防局由臣主之所委各員不分河工地方總求廉介精細熟諳工務之人不徇人情務責實效其銀亦不入局寄存藩司外庫凡領銀辦工由工員開陳實數俟提調核定兩道上詳臣即批准赴司領取總求涓滴無不至工非比河工格外省費一錢可作兩錢之用如復有弊臣願一人獨承其罪且先期相視險要廣儲料石無論何處有工即飭局員飛馳辦理用廳員之兵夫動廳員之存料如有不足概

行取給河局廳員迴工除將派定所備料石雜料用畢後即算無事不必另禀以杜朦混求添之弊凡河局專管先時籌備臨時策應隨時稽查且可代任勤勞代承責任代為禀報以臣揣見所揣照此行之應可弊絕風清不必另請添款似無意外之虞惟此係實用實銷將來各廳報銷仍按舊章辦理河局報銷祇能按實開單惟乞敕部臣少從寬假庶臣得以董率各員共竭心力以保險工而芟浮費事如有效仍按兩年安瀾將委用各員籲乞天恩從優給獎俾人人自奮於功名之路而盡破其身家之私如此真偽相形勤惰相較物料允積石墻林立謂兩岸工程從此不日有起色者臣不信也目下節交秋分河流順軌足以仰紓聖廑除沁工河武兩縣工程向係地方官督飭辦理及金鄉是否可以建歸業經護撫臣委員往查在案應由護撫臣另案覆奏外等語奉硃批著照所請該部知道　戶部覆奏見經費門

光緒十六年九月護理河南巡撫廖壽豐奏稱竊臣接准河臣許振禕咨光緒十六年六月十三日奉上諭給事中張廷燎奏河南河工積弊甚深亟宜革除並陳管見一摺另片奏沁河水勢湍悍懷慶府之天師廟適當其衝請於金鄉地方建歸宣洩使由丹河分入

衛水沁工款項向由道庫支折發扣其多請徑交兩縣督飭公正紳士分段舉辦等語並著體察情形一並妥籌具奏等因欽此欽遵移咨臣會同查辦除河工積弊由河臣查辦具奏外臣查沁河發源山西由濟源縣入境歷河內武陟二縣合大丹河之水入注黃河該兩縣地勢較低河身太窄每遇伏秋大汛險工迭生惟藉隄岸支持河內縣南岸計長七十六里北岸七十八里武陟縣南岸計長六十餘里北岸七十餘里向屬民捐民修實歸兩縣代爲承辦光緒九年奏明改爲官督紳辦每年由司庫各發歲修銀一萬二千兩彼時未及更定章程仍係官爲經理冗費過多官亦不能常駐河干公事既多假手上下隔閡各不相聞連年生險轉失初意當經會商河臣檄飭候補道鹽襄鉞前往沁河上下游周歷履勘督同懷慶府知府李芳柳河內縣知縣高袖海武陟縣知縣賈聯堂傳集紳士公議兩縣各設沁工公所一處遴選家道殷實素稱辦事公正之候選教諭李伯恭教諭王翰等每縣四人派充首事總辦工務至沿河分段舉辦即飭該總紳公舉濱河附近耐勞習事之人各分地段設立分防公所河內縣共計工分八段武陟縣共計工分七段認眞修守保衛隄防其歲修領款一萬二千兩每年十月先發五千兩採辦磚石正雜等

料預爲儲備次年正二月間發銀四千兩以備春鑲築隄並添購料物雇募夫工餘銀三
千兩四五月間撥發以備伏秋防汛等用均由該總紳具領責成辦理所有從前辦公幕
友外工書役並一切浮費悉行革除並經道員陸襄鉞傳見該紳士等告以查辦情形傳
宣朝廷德意爲保護地方冀免河患起見各該紳莫不欣然感奮願從承辦此河內武陟
兩縣沁工現擬酌定章程責成官督紳辦之證辦情形也至金鄉建閘使丹河分入衛水
一節查丹河發源山西至河內縣之丹谷口入境分支爲二南流者爲大丹河東流者爲
小丹河小丹河一綫細流由石斗門歷金城村至薛村出境迤邐入衛大丹河水勢較旺
自九道堰以下支汊港渠二十餘道灌溉民田一千五百頃有奇金鄉即金城村在小丹
河下游與大丹河中隔二十餘里使併束之入衛勢難節節建閘山水陡發必致橫溢泛
濫恐附近數十村頓失灌田之利且查勘衛水下游地勢過低河身更窄又有淇湯洹滏
等水匯入連年漫溢爲害勢難再容小丹河兩水併流轉滋民患既據查明窒礙難行應
請毋庸更議臣伏思沁河雖僻在一隅而水勢浩瀚修防之事無異黃河現既酌定章程
兩縣秉督率之權各紳有承辦之責不任書差則官民無虞隔閡盡革浮費則庫帑可免

河南印刷局印

盧靡撥賑情形可期核實惟歲修款項本係兩縣赴司經領不由道轉而造册報銷仍須由道核辦書吏不免藉口現經定章發交紳董具領一切支用均歸紳辦不假書吏之手有餘留作次年備用不足設法籌墊酌盈劑虛定爲歲額無所增減應請免其造册報銷使紳民得以實心經理以資鞏固而垂久遠奉硃批著照所請該部知道

光緒二十二年七月河東河道總督任道鎔河南巡撫劉樹堂奏稱竊照河工夷險今昔不同設官必須因地制宜庶足以專責成而重修守查豫省開封府上南河同知一缺地居上遊爲南岸通工門戶最關緊要該廳經管滎澤鄭州中牟上游大隄共長一萬一千八百餘丈計程六十五里寥地險工長埽壩林立如滎工大壩鄭工大壩胡家屯來童寨等處皆迎溜著重中牟楊橋大壩亦係舊日險工近來河勢南圈誠恐舊險復生則工段愈長修守更非易易查同治八年前河臣蘇廷魁因汛地過長奏請添設武弁經部議准將已裁乾河原設之儀封下汛分防外委移設改爲滎澤汛分防又將虞城下汛分防外委移設改爲中牟上汛分防其原設滎澤汛把總改爲鄭上汛把總鄭中汛千總改爲鄭下汛千總並將儀封虞城兩汛已裁乾河兵丁一併隨同移撥分段修守惟以一廳一營

兼轄四汛猝遇各汛同時生險廳營上下馳驅往返必須竟日徒勞奔走防不勝防實有鞭長莫及之勢光緒十三年鄭工失事即因搶護不及所致雖曰天意未始非人事之未盡也該廳汛地之險工程之緊甲於七廳爲合龍金門者三處歷次遞增埽壩比較往年其數倍加斷非一廳一營所能兼顧且河工之夷險不在道里之短長亟應因時酌改分廳設防以免貽誤臣等公同商酌擬請將滎澤汛鄭上汛歸上南廳同知上南營守備專管分鄭下汛中牟上汛添設通判一員名曰鄭中廳即以前裁之河乾儀睢通判移設專添設協備一員名曰鄭中營即以前裁之乾河商虞協備移設應需廉俸馬乾應准其照數移撥動支如將來河歸故道再行酌量裁併復設不得額外加增以符定制至歲修經費即以上南廳向例支銷之數兩廳酌分不准絲毫增益文武汛弁河兵堡夫均仍其舊無須更張新設廳營駐劄處所擬請援照嘉慶十六年豫省添設歸河廳成案飭令即就工次堆料廠房捐貲添蓋俾資棲息無庸籌款另建衙署以歸簡易如此變通分設庶該廳營各有專司可無顧此失彼之虞於工款既並無增添於修守實大有裨益核與同治八年請添武汛邀准之案亦屬相符

河南印刷局印

光緒二十二年八月河東河道總督任釐訂整頓河工章程

一河防局事少人浮殊多靡費今自丙申年霜清始酌派監工委員九人局中常川正佐七人其中參用地方人員如另有差使即補委河工不委地方河工人員終年坐困此項局務以專委河工爲正辦凡候選及外省人員此後永不委用以符定章現委之十六員一二年酌量更換一次以均甘苦如有玩誤隨時撤退果有老練出衆辦工得力者仍准酌留以示鼓勵

一七廳工所委員現派一正兩佐即以正委爲總辦足敷差事此後永不另派道府以歸劃一而節經費

一河防歲款十二萬自丙申年始所有支發款目皆實用實銷絕無蹤混應辦一切工料先由督辦核明稟院批准再行發款務須案據昭然人人共見以備後來稽查本年霜清裁數節存銀四萬三千餘兩奏明飭藩庫存儲次年如有要需再行奏撥雖與歷來辦法迥殊而涓滴歸公究屬心安理得倘能年年如此定可永保茭防

一七廳工所歲款四十八萬悉照向章支銷自丙申年始飭委員釐訂出入款目按月報

院至霜清統結以備稽核

一河工首重料物既經酌數派辦年前先發料價即與代辦無異豈容稍涉含糊查各廳稭料坦垛仍多於門垛即門垛亦有架空之弊殊屬不顧考成現派辦丁酉年歲料應一律門垛儘臨黃工段堆儲如隄面不敷可堆隄後平地必得丈尺相符觔兩足數於年前一律辦齊委員監收開單稟明某堡新垛若干舊垛若干聽候院道臨工查驗抽垛過秤如有短少虛鬆照例撤參補足

一雜料亦當寬備如麻纜光纜橛木騎馬與夫揪頭滚肚繩等類應視稭垛之數配搭齊全不得短少以致臨時掣肘麻纜爲防險要物斷不可缺

一舉辦春廂即爲防汛根本最關緊要某廳某堡某埽應加廂應拆廂先行核實估計某埽須用料若干於二月內一律開單呈報將所辦埽段插簽標明聽候院道臨工查勘核定方准動工既須保固工程尤當撙節料物凡可做可不做之工且從緩辦以待汛期至各壩加拋石方應俟大汛前察看情形稟明辦理

一河防局委辦石方應由委員監收各廳承領某月某日某堡運到若干方該會同委員

河南印刷局印

即用紅單稟報如石方有中空情弊惟各委員是問

一營汛承辦土工應擇隄身殘缺或單薄處所先估計稟明委員查驗得實然後興工如稍涉草率或不符丈尺即責令重修營汛並加懲處

一伏秋汛河水長發隄工每有陼險之處皆因浪窩鼠穴塡築不堅兵夫以浮土掩蓋一經大雨沖刷遂成洞穴即有滲水之患務令兵夫隨時刨挖到底去盡浮土至四面無空缺而止先用夯杵逐細套打堅實與隄相平方能一勞永逸塡水溝亦如之在工員弁務當隨時來往巡查不可一日怠忽以期防患於未然每逢風雨黑夜尤宜加愼

一伏秋大汛各工埽壩果係迎溜沖刷坍蟄自應急用稭石儘力廂拋務使穩固而後已若埽壩並未蟄動沿河順溜即不必濫用稭石致多糜費務在儲料審工當用則用可省即省方爲防險之要策其中緩急輕重固應責成應營而監工委員亦當隨時審察相機策應以期無誤無糜毋得稍存大意

一河工候補同通兩班每逢大汛派赴駐工二十餘人自丁酉年始應令各員分赴各廳將一切修防事宜留心學習以備異日任使各員本有薪水各廳但與廠房幕友同棹

授餐此外車馬酬應一概不問

一各廳堡房於丙申年一律重修所有委兵夫役每逢大汛均應在堡房棲止預備簑笠梆鑼晝夜巡隄並看料廠此後料廠如有縱火情事一面緝匪究辦一面著落該管官賠補仍照例參辦至此等縱火人犯悉係本地匪徒營汛必知蹤跡定限五日責成該汛弁兵獲犯送究逾限不獲參革留工承緝決不寬貸

一河兵於霜清後冬三月每名於隄裏隄外栽柳五十株栽畢即插牌標記聽候查驗勤者賞惰者罰令出必行堡夫已盧有其名此後每逢伏秋汛期各廳應僱長夫數十名如上南約八十名中河四十名此外各二十名有工則工擡推土無工則守夜巡隄比短夫便益多矣風雨黑夜尤爲得力如遇險工再添僱短夫核計夫價所費無幾各廳自爲計當亦樂於從事也

光緒二十七年河東河道總督錫通飭各廳整頓工務掃除積習

一各廳宜常駐工次也查廳官衙署皆靠河干即無衙署者亦有行館可住原以河務至重巡防不容稍疏乃該廳等近皆住居省城習爲故常除伏秋兩汛外住工之日甚少不

河南印刷局印

過以省會繁華終日車馬馳驅酒食徵逐甚者奔競營謀逢迎伺應轉視職守爲具文若能將此全副精神專注河岸隄工絕無廢弛豈不甚成實吏自此諭之後該廳等務宜各居衙署其無衙署者移居行館時時親隄履埝察看河勢工程隨時補苴則全河受益多多矣果有賢能任事之員本部堂必破格保薦也

一水溝浪窩獾洞鼠穴宜設法築塡也文武汛官弁兵夫專司塡築溝窩搜查洞穴該廳營等皆有督率之責茲查各隄水溝有沖至數丈者浪窩有旋成深坑者則洞穴之不認眞搜尋更可想見其廢弛尙可言哉在該廳等不過謂現不臨黃事可無礙然河無定隄倘或改溜試思臨時堵禦猶手何及縱使勉力支撑業已多靡鉅款溯查遠年之祥工近年之鄭工皆因浪窩失事前車可鑒方溝窩被沖之始不過尺寸之罅漏當時塡墊僅一人之力數方之土耳乃置之不問坐視其成此鉅工思之實爲可恨就此次所查應按段察參以儆怠玩姑念官非一任事非一人不究前失勉觀後效各該廳務宜督飭認眞將溝窩設法修整內外隄詳細尋覓如有洞穴立即開挖補築必須堅實經此諭後倘仍前玩視定予嚴參勿謂言之不早也

一坦坡嚴禁種禾麥也坦坡爲殺水勢護隄根而設按例靠隄附近不准耕種所以防壞隄也今坦坡之上竟任種植播種既久土性鬆浮雨水淋冲必致塌陷隄身何能堅固不知該廳營所司何事本應將坡上禾苗概行拔棄姑念小民生計維艱從寬准其秋成收割自光緒二十八年始一律不准再行耕種該廳等務各曉諭周知儻再有偷種惟該管官弁是問

一柳枝宜按時補種也栽植柳株所以碍固隄根故每年有補種章程以期多多益善查南北兩隄如果年年栽種新柳自當綠陰茂密一望無際今則頗形稀疏甚至有並無樹株之處則其所稱補種半屬虛文可知嗣後各該廳每年務於冬令嚴督認眞種植某堡各種若干株隨時具報查考

一石方收垛宜嚴查也查購石定章每塊足五斤以外方准收垛茲閱各處石方頗多碎石不堪適用雖日搬運不無磕損而破碎亦不應如此之甚且見收石之時廳中並無人在彼看視一任垛工堆放難保無架空之弊須知購石雖係委員之事收儲後即係各廳專責豈宜漫不加察嗣後各該廳縱不能親身驗收亦應派妥實幕友在彼監視以昭愼

重而期核實

一工總宜開報也查各廳幕友中有工總一席專爲察看河勢管理工程遇有險工尤賴其調度經營是此人所關甚重非他席朋友可比各廳自必慎選老成諳練篤實可靠之人以當此任此日雖爲廳官入幕之賓他年未始非河工人才之選仰該廳等將所延工總姓名年歲籍貫到工年月開單具報以備查考如有更換應即隨時聲明

一酬應宜節也查河工習尚奢侈自昔已然近年雖稍儉於前而酬酢往來飲食宴會仍復誇多鬭靡以之自豪甚至蕩檢踰閑不以爲恥心無二用顧此絀彼尚安望其於正經公事振作有爲耶欲除侈靡澆風先革應酬惡習經茲諭禁倘仍不知悛改本部堂亦惟白簡從事不知其他懍之懍之

光緒二十七年九月河東河道總督錫良奏稱竊維朝廷設官分職各有專責以收羣策羣力之效然至風會變遷自當因時損益所謂甚者必改絃而更張之也恭讀光緒二十七年七月初二日七月三十日疊次諭旨漕政日久弊生亟宜力除靡費核實整頓自本年爲始各直省河運海運一律改徵折色又各省制兵防勇積弊甚深著各省將軍督撫

將原有各營嚴行裁汰悉心核議奏明辦理等因欽此臣忝任宣防謹就職守而陳之查黃河自咸豐五年改道北趨南河堙廢同治初年忠親王僧格林沁遂有請裁總河之奏奉旨交議經前河南撫臣張之萬以詳加體察再行奏請覆奏至同治十一年山東黃河工程改歸山東撫臣兼辦河臣責任稍輕前河臣喬松年復有請裁總河之奏奉旨交議部臣以未便裁撤覆奏蓋彼時河運未廢河臣兼有黃運兩河之責關係緊要故也今旣漕米改折運河從此無事河臣所司僅止豫省兩岸隄工事甚簡易雖有桃伏秋凌四汛惟伏秋兩汛爲重餘皆次之如能料石籌積有素自可有備無虞故臣到任以來專以購備石方爲急然此區區之舉盡畀之撫臣足可兼顧擬請將河東河道總督一缺即予裁撤防照山東成案改歸河南巡撫兼辦撫臣本有兼理河道之責無可諉卸且事權歸一辦理尤覺裕如非僅爲節省廉俸起見此河道總督之宜裁者也河南河工向設南北兩道八廳計巡守地方兼理河務道二員專管河工同知五員通判三員佐貳雜職二十三員又豫省河營都司一員守備二員協備五員千把外委十九員弁兵一千二百四十九名專司修工防汛關係至重以上各員名應請仍舊此河南黃河文武員弁兵丁應全留

者也奉硃批著政務處會同吏兵兩部妥議具奏其關運河及濟寧河標事宜未錄

光緒二十八年正月政務處吏部兵部會奏稱據河東河道總督錫良體陳河工變通事宜一摺奉硃批交政務處會同吏兵兩部妥議具奏欽此查錫良奏稱漕米改折運河無事河臣僅司豫岸隄工撫臣足可兼顧請將河東河道總督裁撤改歸巡撫兼辦等語竊維黃河改道以來直隸山東兩岸修守工程久歸督撫管理山東工段之長險工之多視豫河尤爲緊重東省既可由撫臣兼管豫河似不必專設督臣今之論裁官者每以河漕兩督所屬員弁爲言現值整頓官制力除冗濫之時臣等正擬咨行各省疆臣體察情形嚴覈裁減而錫良已先有此奏該河臣現任河道總督兼署河南巡撫其言由於身親目驗自屬確實可憑應如所請行並請飭下該河臣即將裁併各事宜一手經理足昭妥愼俟諸事辦有頭緒即由該河臣奏明請旨開缺奉上諭河東河道總督一缺著即裁撤一切事宜改歸河南巡撫兼辦

光緒三十年六月督辦鐵路大臣盛宣懷奏稱竊照光緒二十九年八月初五日承准外務部咨光緒二十九年七月初五日准軍機處抄交河南巡撫張人駿奏黃河鐵橋建造

不易一摺奉硃批著袁世凱張之洞盛宣懷妥議具奏欽此當經臣盛宣懷札飭盧漢鐵路洋總公司沙多查照原奏詳核議復去後茲據沙多稟稱如原奏稱沙鬆土疏立根不牢可慮一節查黃河沙鬆土疏係指浮面一層而言泥沙之下皆有實地建橋之法首在察看實地就造橋之處上下數里之內處處打鑽其鑽入地深至八丈即知地質若何情形各國海口建築碼頭水深數丈至十餘丈尚可用空氣下水以求實地黃河之水秋冬間深不過數尺欲求實地更易施工歐洲自創造鐵路以來橋樑之學日新月異其河面之闊水流之急施工之難恒有逾於黃河者如下埃及之尼勒河大橋美洲之米西西畢河大橋俄國之烏粤嘉河大橋指不勝屈至希臘英吉利更有過海之橋未聞失事是黃河造橋可無慮立根不牢矣又原奏稱地勢南高北下拖溜旁趨可慮一節查黃河造橋爲接通南北鐵路並非爲保護河工若謂治河專主以隄束水建橋則數千年無聞此指治河而言今鐵路建橋當問建橋以後有無拖溜旁趨之患原奏所稱黃河漲一灘嘴築一挑壩對岸即生奇險况層層橋柱勢必至於流緩沙停別尋去路等語又第一節所云以數十丈鋼柱櫛比河心在急溜則激水之怒在淺灘則分水之勢盤渦排淤全河受病

河南印刷局印

等語誠以橋柱佔地太多河心容水自少必有盤渦挂淤流緩沙停之慮全摺之精意在此數言此治河之常語司工程者豈有不知體略言建橋之法則可以釋然矣今所擇建橋之地在南北兩岸從未泛濫而河道亦未更改之處自鐵路開辦以來即派有專駐該處華洋人員逐日丈量河水之漲落測勘溜勢考驗水痕得其要領擬造之橋不用木柱而用螺絲鋼樁防其佔地過多計所用鋼樁共佔河心法尺八十四尺再將河心開寬至法尺二千八百尺較平常最大之溯加寬二百尺除鋼樁所佔八十四尺實加寬一百十六尺不特不礙流水尚從而疏通之又何有流急盤渦流緩沙停之患哉又原奏稱黃沁交匯頂託倒灌可慮一節查工程重在測量橋工之不礙流水既已考求精審就沁河而言沁匯於黃即在橋之上游距橋約二十四華里左右沁河地勢測準較黃河高法尺二尺五寸約合華尺八尺五寸何至因建一橋黃河之水即能倒灌入沁且倒灌入丹入衛甚至入於天津耶又原奏稱凌汛暴漲水能漫橋可慮一節查黃河凌汛固屬緊重然考之西彼利亞大河並北美洲大河之凌汛更十倍於黃河該處每年河凍逾六月鐵橋林立未聞於凌汛之時致生險患今擬建之橋橋面高於極大溯汛華尺一丈而高於該處

隄岸三尺有奇倘淩汛漫及橋面必先漫及隄岸查滎澤廣武適爲數百年來未聞漫溢之處所以必於此建橋者誠非漫然爲之也至原奏稱建造浮橋多造渡船路經黄河易車而舟亦無甚耽延等語此不明路政之言也夫盧漢鐵路正欲聯南北兩端爲一氣儻中間易車而舟廢時糜費又何貴乎鐵路況當夏令水漲流急輪駁均不能行秋冬河又半涸南北客貨乘火車至河干須舍火車而用騾車將至河心又須舍騾車而用渡船阻礙尤多若用浮橋則成於秋冬毀於春夏仍失通行之利更無如此辦法總而言之黄河固河之大而險者橋工亦工之鉅而難者若不審河勢不驗地質不諳水工貽害何可勝道今遴派專門工司測量地勢上下數十里考驗地質打鑽八九丈前後十餘次歷時四五年方擇定建橋之處繼又特請諳練橋樑工程之大工師潛心考究詳之又詳橋圖乃定斷無用疑慮於其間也且比公司名利攸關非計出萬全萬不肯輕舉妄動等語臣宣懷當即移會臣世凱函招英國工程司金達來津將沙多覆奏令其核議並飭前往復加勘驗據金達復稱沙多議復各款已屬言之極詳即使親履復勘以一時之閲歷仍不如沙多數年之講求較爲精核且所云名利攸關斷不肯輕舉妄動尤爲極中窾要之言似

毋庸再往復勘等語臣之洞於本年二月回任後復經派委湖北道員實昱馳往鐵橋工次周歷勘驗茲據該道復稱勘得黃河鐵橋南起廣武山麓北達姚期營之下游數里許橋身長八百五十餘丈中用鐵墩爲基統計一百零三墩南北幹各二十六墩均以六柱爲一墩居中五十一墩均以四柱爲一墩六柱之墩兩墩相距八丈八尺五寸四柱之墩兩墩相距五丈九尺四寸凡此相距之處皆係留爲流水之位於河流當無阻礙其鐵柱深入沙土約三丈至四丈不等現南岸已修成鐵墩十六座北岸已修成鐵墩十五座鐵柱森立每遇風急水湧並不搖撼似不致有立根不牢之慮並於姚期營等處建築石壩十條道以逼水勢使歸中流是拖溜旁趨亦可無慮至橋面高於廣武壩一丈有餘廣武壩從未淹及則凌汛斷不至漫橋可知橋距沁河二十餘里現在展拓河身所留水位甚寬既未減小河身容水之量自可無虞頂託倒灌之險等語臣等伏查盧漢鐵路擬造之始即深慮黃河橋工之非易並恐有礙河防先經臣宣懷歷派德國工程司錫樂巴美國工程司李治法國工程司道理懷意國工程司海沙地先後履勘皆稱黃河必宜造橋且所擇之地亦與沙多相符蓋橋工爲南北鐵路樞紐若不建橋與無路同若建橋之後有

礙河防萬一拖溜旁趨河或改道與無橋同故建橋之議歷各國著名工程司詳審而後定不敢不慎也今原奏未然之慮自以建橋之後全河受病爲最重其言橋工之不易則云沙鬆土疏又逢汛則水能漫橋竊就兩者兼權橋成後全河有無受病應以造橋是否有礙河身爲斷詳核沙多復奏其指陳利害之處凡原奏所慮及者皆在預防之中自古治河無善策各省築隄培埝歲糜巨帑而泛濫仍不能免若謂建橋以後黃河從此無病誠非鐵路工程司所敢冒然橋樁之無礙河身造橋之可以立脚而極大之凌汛又不能漫過橋面沙多之言證以英工程司金達所議及道員實豐復勘情形似尚切實確有把握至以隄束水治河者皆知之而不知河之有橋亦具束水之力故凡橋口之水其流必迅所謂流迅則勢猛勢猛則沙不停積沙鬆刷河亦愈深原奏雖非指建橋而言似亦實賅此義此沙多所未及言臣等揆情度理反復思之似建橋之無礙河防彰彰明矣

光緒三十二年五月河南巡撫兼管河工事務張人駿片奏稱再黃河鐵橋建於滎澤稍明河勢者咸知其非洋工程司沙多係異域之人未諳中國水性成此誤舉及橋成之後該工程司始悟立根不能堅牢遂於鐵柱四旁多拋石塊環砌圍繞堆積至二三丈不等

河南印刷局印

竟有露出水面者與其原議不用木柱而用鋼樁防其佔地過多之說全相違背計全橋鐵墩一百零三孔自工竣至今甫逾半年而橋下已新長大灘橫亘中央河流劈分兩股南股由橋下出水者五孔北股由橋下出水者二十七孔其餘全爲新灘所占幾居全橋十分六七而新灘片段現於橋西者寬廣數倍橋東其爲鐵橋樁石阻遏河流以致淤積毫無疑義夫載石沈船尚能堵塞海口護隄兩埽近多改用石工今於河心建橋樁石林立幾同攔河築壩其有礙河道固不待智者而知自橋成以來上游水勢日高下游水勢日促河溜出橋以後折而向北已將北岸老灘沖刷成灣萬一河勢變遷橫流旁決爲患何堪設想河之受害既在於橋縱使兩岸設法修防而受害日深變生意外斷非人力所能補救此時即不加拋石塊而病根隱伏盛漲之年已難保無潰決之憂若再愈拋愈多則爲患益急臣職司河務既有所見未便緘默不言相應請旨敕下鐵路大臣轉飭該工程司以後勿再拋石以期暫紓目前儻邀福庇於伏秋大汛之時能將橋下沙灘刷去則數年之內或尚可冀無虞

論曰工程之大凡曰隄隄高一丈者上寬三丈下寬十丈先於本土鏟去地皮草根既窪

不平之處均塡補整齊施以水硪然後加以新土層層潑水夯硪期於一律堅實總以籤試不漏爲度月隄首尾屬於大隄河流逼近隄根者於大隄之外如式圈築越隄形式與月隄相仿隄外圈築使水繞越而過遥隄離大隄稍遠築隄以爲重障縷隄水緩之處單隄兀立以資收束曰埽埽高自五尺至二丈作十丈長計料用柳草各四百束至七千二百束大纜小綏各百條至四百條留橛二根簽樁二根箍頭繩三十條至一百四十條揪頭繩二條至八條滾肚繩二條至十條埽個高丈餘者用穿心繩一條塡埽眼用柳草各七十五束至一千二百束相機酌用總以不出此數爲度其式有魚鱗龍尾丁頭等名用以挑溜開行護隄作障其細法則長十丈高一尺埽由用柳十八束無柳用秫稭二十四束草十八束十兩重縈繩一百條長十丈高二尺埽由用柳七十二束無柳用秫稭九十六束草七十二束二十兩重縈繩一百條長十丈高三尺埽由用柳一百六十二束無柳用秫稭二百一十六束草一百六十二束三十兩重縈繩一百條長十丈高四尺埽由用柳二百八十八束無柳用秫稭三百八十四束草二百八十八束四十兩重縈繩一百條各埽由每長一丈用橛木一段長十丈高五尺埽個每個用柳四百五十束無柳用秫稭

六百束草四百五十束縷一百套纜一百條五斤重箍頭繩三十條四十斤重滚肚繩二條四十斤重揪頭繩二條樁木十株橛木二十段填埽眼柳七十五束無柳用秫稭一百束填埽眼草七十五束搬料拉埽募夫二十五名長十丈高六尺埽箇用柳六百四十八束無柳用秫稭八百六十四束草六百四十八束縷一百二十套纜一百二十條五斤重箍頭繩三十五條四十斤重滚肚繩二條四十斤重揪頭繩二條樁木十株橛木二十段填埽眼柳一百八束搬料拉埽募夫三十六名長十丈高七尺埽箇用柳八百八十二束無柳用秫稭一千一百七十六束草八百八十二束縷一百四十套纜一百四十條五斤重箍頭繩五十條五十斤重滚肚繩四條五十斤重揪頭繩二條樁木十株橛木二十段填埽眼柳一百四十七束無柳用秫稭一百九十六束填埽眼草一百四十七束搬料拉埽募夫四十九名長十丈高八尺埽箇用柳一千一百五十二束無柳用秫稭一千五百三十六束草一千一百五十二束縷一百六十套纜一百六十條五斤重箍頭繩五十條五十斤重滚肚繩四條五十斤重揪頭繩二條樁木十株橛木二十段填埽眼柳一百九十二束無柳用秫稭二百五十六束填埽眼草一百九十二束搬料拉埽募夫六十四名

長十丈高九尺埽箇用柳一千四百五十八束無柳用秫稭一千九百四十四束草一千四百五十八束縷一百八十套纜一百八十條五觔重揪頭繩六十條五十觔重滾肚繩五條五十觔重揪頭繩二條椿木十株橛木二十段塡埽眼柳二百四十三束搬料拉埽募夫八十一名長十丈高一丈埽箇用柳一千八百束無柳用秫稭二千四百束草一千八百束縷二百套纜二百條五觔重揪頭繩七十條五十觔重滾肚繩六條五十觔重揪頭繩四條五十觔重穿心繩一條椿木十株橛木四十段塡埽眼柳三百束無柳用秫稭四百束塡埽眼柳草三百束搬料拉埽募夫一百名長十丈高一丈一尺埽箇用柳二千一百七十八束無柳用秫稭二千九百四束草二千一百七十八束縷二百二十套纜二百二十條五觔重揪頭繩七十七條五十觔重滾肚繩六條五十觔重揪頭繩四條五十觔重穿心繩一條椿木十株橛木四十段塡埽眼柳三百六十三束無柳用秫稭四百八十四束塡埽眼草三百六十三束搬料拉埽募夫一百二十一名長十丈高一丈二尺埽箇用柳二千五百九十六束無柳用秫稭三千四百五十六束草二千五百九十六束縷二百四十套纜二百四十條五觔重揪頭繩八十四條六十觔重滾肚繩六條六十觔重

揪頭繩四條六十觔重穿心繩一條樁木十株橛木四十段塡埽眼柳四百三十二束搬料拉埽募夫一百四十四名長十丈高一丈三尺埽箇用柳三千四十二束無柳用秫稭四千五十六束草三千四十二束縷二百六十套纜二百六十條五觔重簽頭繩九十一條六十五觔重滾肚繩六條六十五觔重揪頭繩四條六十五觔重穿心繩一條樁木十株橛木四十段塡埽眼柳五百七束無柳用秫稭六百七十六束塡埽眼草五百七束搬料拉埽募夫一百六十九名長十丈高一丈四尺埽箇用柳三千五百二十八束無柳用秫稭四千七百四束草三千五百二十八束縷二百八十套纜二百八十條五觔重簽頭繩九十八條七十觔重滾肚繩六條七十觔重揪頭繩四條七十觔重穿心繩一條樁木十株橛木四十段塡埽眼柳五百八十八束無柳用秫稭七百八十四束塡埽眼草五百八十八束搬料拉埽募夫一百九十六名長十丈高一丈五尺埽箇用柳四千五百束無柳用秫稭五千四百束草四千五百束縷三百套纜三百條五觔重簽頭繩一百五條七十五觔重滾肚繩六條七十五觔重揪頭繩四條七十五觔重穿心繩一條樁木十株橛木四十段塡埽眼柳六百七十五束無柳用秫稭九百束塡埽眼草六百七十五束搬料

拉埽募夫二百二十五名長十丈高一丈六尺埽個用柳四千六百八束無柳用秫稭六千一百四十四束草四千六百八束緶三百二十套纜三百二十條六觔重箍頭繩一百十二條八十觔重滾肚繩七條八十觔重揪頭繩四條八十觔重穿心繩一條樁木十株橛木四十段填埽跟柳七百六十八束無柳用秫稭一千二十四束填埽跟草七百六十八束搬料拉埽募夫二百五十六名長十丈高一丈七尺埽個用柳五千二百二束無柳用秫稭六千九百三十六束草五千二百二束緶三百四十套纜三百四十條七觔重箍頭繩一百十九條八十五觔重滾肚繩八條八十五觔重揪頭繩六條八十觔五重穿心繩一條樁木十株橛木四十段填埽跟柳八百六十七束無柳用秫稭一千一百五十六束填埽跟草八百六十七束搬料拉埽募夫二百八十九名長十丈高一丈八尺埽個用柳五千八百三十二束無柳用秫稭七千七百七十六束草五千八百三十二束緶三百六十套纜三百六十條八觔重箍頭繩一百二十六條九十觔重滾肚繩八條九十觔重揪頭繩六條九十觔重穿心繩一條樁木十株橛木四十段填埽跟柳九百七十二束無柳用秫稭一千二百九十六束填埽跟草九百七十二束搬料拉埽募夫三百二十四名

長十丈高一丈九尺埽箇用柳六千四百九十八束無柳用秫稭八千六百六十四束草六千四百九十八束纓三百八十套纜三百八十條九觔重揪頭繩一百三十三條九十五觔重滚肚繩九條九十五觔重揪頭繩八條九十五觔重穿心繩一條椿木十株橛木四十段塡埽眼柳一千八十三束無柳用秫稭一千四百四十四束塡埽眼草一千八十三束搬料拉埽募夫二百六十一名長十丈高二丈埽箇用柳七千二百束無柳用秫稭九千六百束草七千二百束纓四百套纜四百條十觔重揪頭繩一百四十條一百觔重滚肚繩十條一百觔重揪頭繩八條一百觔重穿心繩一條椿木十株橛木四十段塡埽眼柳一千二百束無柳用秫稭一千六百束塡埽眼草一千二百束搬料拉埽募夫四百名凡椿木用楊需用圍圓長短臨時相度開報橛木柳中取用不計錢糧埽上加鑲並做半方於河兵工作外准添募夫二名防風每丈止用柴三十束土方夫工與加鑲例同用防風工程每長寬一丈高一尺名爲單長一丈加鑲用秫稭三十三束二分縣麻九觔土船捆攬軟鑲埽工每單長一丈用秫稭三十束八分縣麻三十觔半土方夫工與加鑲例同曰土壩築做挑水兜水迎水順水各壩工每單長一丈用秫稭三十束八分縣十三觔

半土半方搬料壓土除河兵力作外每丈添募夫二名其土方每見方一丈高一尺爲一方每見方一丈高一丈爲一大方塼方碎石方同凡築隄取土或百丈外或里餘近者離隄二十丈或十五丈外每堆土六丈爲一層杵三徧硪三徧層層杵硪期於經久堅固加幫之隄將原隄重杵再加新土創築之隄將平地杵深數尺加土建築其河工頂衝之地即以舊隄爲縷隄於舊隄之外别築遥隄其月隄離河甚遠者就近圈以套隄甚長者上下截以遥隄以爲重門保障若黄河大溜頂衝及埽灣之處遇河涯汕塌近至隄根當多募人夫廣用鍬钁將臨河隄涯受衝處所砌成斜坡復伐取畚葉大柳懸於坡上以禦急溜此皆見之工部則例者也隄爲通制埽與土壩爲豫河專制則例尚有牐有石壩有涵洞有木龍有障有牐豫河固祇有土壩無石壩雖拋石拋塼與廣武山所建柴芯大壩皆非則例所云石壩之制其餘皆南河運河所用於豫未之前聞故不錄要之豫河所宜者惟隄與埽所謂防也無藉於濬故自乾隆時濬船悉裁防之之道惟隄埽以輔隄也即種草種柳種葦亦以輔隄也自雍正加幫後豫之隄防始完故河南通志載其詳曰南岸沿河大隄自滎澤縣舊縣遥南隄頭起至江南碭山縣交界止通計長四百六十一里零四

河南印刷局印

十九丈月隄通長一百一十五里六十一丈五尺北岸沿河大隄自武陟縣沁河頭起至山東曹縣隄界止通計長三百三十五里零一百一丈月格撐橫等隄通長一百一里零三丈至於道光之初不及百年則舊隄悉湮一切皆積經培築變易若此其故何與蓋中當乾嘉之時東南兩河潰決頻仍每決必淤則河日高而隄日卑然嘉慶十年以前隄內隄外之高下尚不過丈許至道光之初乃至相去三四丈則又十餘年間變易最甚者也而積培之工又祇一綫單隄所謂穢遙魚鱗之制皆不具入海之道不暢河流不能自安必出於別尋去路故銅瓦廂之事亦勢之所必不能免者也工之宜講者在平素歲修搶修其要也嵇文敏之開引河栗恭勤之拋塼許奉新之拋石於豫河爲最著矣至大工合龍則取具一時然阿文成之改新河食其利者二百年豈非偉蹟哉凡著在編者或悪之令甲或行自前賢而有功燦然明備矣苟不能復禹之績使水由地中行毋亦將有取於此乎然徒法不足自行亦在用之者之隨地隨時而高下在心耳若曰膠柱而鼓瑟則前之獲成者後或循之而致敗竊期期未敢以爲然也其說既夥故分爲上下略區記事與記言云爾

順治初年定經徵河銀三百兩以上歲內全完者紀錄一次

順治初年定河工歲修錢糧先給一半餘俟物料交完方准找給

順治十一年戶部給事中蘇文樞題陳中州苦累三事其言黃河衝決日近閱撫臣吳按臣王塋報河口衝決疏比前歲之決爲患更大則首當議估計之事初估即打算成局即動費巨萬亦必以實入告儻工難遽成不妨再估以請若一估不敢再估恐後此之費不止如朱源之口使百姓賠累至六十萬兩而猶不可言也次當議派夫之事地分遠近難以一例糾集況既行估計何如發官錢一概招募即不然而近縣輪夫令遠縣按夫徵銀亦免往來道路之煩更絕包攬私折之弊至分買物料而借名多派運納柳梢而抑勒稽延稽察工程而濫委多人是又在管河大臣嚴行察禁者也

順治十二年定令河臣嚴查河工官吏扣折夫食以蘇民困

康熙十二年正月河南巡撫佟鳳彩疏稱河夫之偏累宜通變也臣查修築黃河每歲用夫或萬餘或七八千名自二三月起直至十月終止俱按畝起派似乎公矣其實弊竇有

不可勝言者如狡猾之徒將自己田地飛灑於人勢豪之家將他人地畝包攬於己甚至紳衿衙役借題優免加以不肖有司或礙於情面不能秉公持正以致懦弱鄉愚愈累愈貧每月或三四兩不等方能僱夫一名即以初僱每月三四兩而計以一歲萬夫計之每年費至三四十萬矣在上止知河有歲修而不知歲修之夫費百姓如許之金銀爲今之計莫如官僱一策查舊例河工夫役管河道每歲預估用人夫若干方行各州縣按地起派若官僱每夫每月僱價二兩足矣每歲上工九個月每夫止用僱價一十八兩即以萬夫計之止用一十八萬較百姓之自僱每歲三四十萬不啻天淵矣其每歲僱夫若干該銀若干除歲徵河銀外不足者於河南八府一州地畝分別等則每畝派銀若干笇明刊於由單內出納亦照地丁錢糧年終河臣奏銷倘有餘剩留爲下年之用如是民知有定額不但狡猾之徒勢豪之家紳衿衙役不能影射幸免即河棍夫頭管工官役輩亦無所施其巧矣臣入境時體訪輿情無不以官僱稱便倘謂我朝制度凡錢糧俱照萬歷年間則例徵收此項銀兩似屬加派不知派銀派夫均出於民而派夫較之派銀所費不啻數倍焉若稍一更變每畝不過加之毫釐俾得安心於畎畝併不知有河夫之擾不亦大便

於民乎疏下九卿科道會議派夫派銀仍屬累民應將豫省河夫停其僉派如遇歲修工程仍動河道錢糧僱覔夫役每夫一名月給銀二兩若錢糧不敷該撫應動某項錢糧具
題可也
康熙十六年題准河南省募夫每名每月給銀一兩二錢照江南省例按日散給
康熙三十二年奉旨河庫錢糧著照盤查州縣錢糧例行
康熙三十七年題准大工歲修錢糧均交與總河自行經管
康熙三十九年議准嗣後佽䋲誤工如分管微員照例懲處其現任河官及在工効力旗員即行題參革職
康熙三十九年議准嗣後呈報險工該道親行察勘確實即令動帑搶修一面估計申報總河察覈如係假揑即以謊報題參該道徇隱一併參處
康熙四十年議准河工夫役工成之日內有民夫各給印票該地方官查驗免其雜項差徭
康熙四十年河南巡撫徐潮山東巡撫王國昌疏稱會勘河南考城北岸隄工五千餘丈

換歸曹縣就近修防歷今十有餘年深有益於運道民生應仍遵照改換之成規但查曹縣換歸隄工考邑已協夫五十名茲再議於南北兩岸各縣鄉堡夫內抽撥夫四十名共工食銀一百四十四兩移解曹縣僱夫

康熙四十二年諭河工官員領正項錢糧修築隄岸被水衝決應賠還者照例追賠其自捐修隄完工之後被水衝決或因地勢難築竣工無期者仍責令賠修甚屬可憫著總河查明具題免其賠補

康熙四十四年部議河南巡撫趙宏燮疏奏回回寨與韓羅灣一帶乃祥符陳留蘭陽三縣之連界地勢極卑後有大隄一道卑矮單薄並無重隄可恃今估築加幫接高長二千一百三丈連埧墊河形共計土工夫工銀一萬三千三百四十六兩應如所題

康熙四十七年諭河工動用錢糧輒以數萬數十萬計河官當估計之時先故浮估以爲日後節省之地此皆河工積弊嗣後凡有修理工程河道總督務親詣察勘確估具奏不可一任河官浮冒估計

康熙五十二年議嗣後河南河庫每年令該撫盤查出具並無虧空印結送部存案出結

後有虧空者除責令賠補外仍將該撫照徇庇例議處
康熙五十二年覆准嗣後一應歲修搶修工程均令河道總督親驗以杜冒銷之弊
康熙五十九年覆准嗣後一應購買物料嚴飭河官協同地方官親身赴買仍取具地方
官並無累民等弊印結送部如被累之百姓具呈出首許該地方官詳報總河督撫據實
題參
康熙六十年覆准各河道扣過建曠銀嗣後務於本年年終即行起解不得遲延
雍正元年四月添設千總二員兵夫二百名建蓋堡房三十三座令其駐防巡護遇有緊
急均許調撥應役所食俸餉在河庫支領按月給發
雍正二年正月奏准扣調江南河兵應給糧餉即於河南藩庫支給將江南河庫兵餉開
除
雍正二年議准嗣後歲修工程於本年十月內題估次年四月內題銷逾限不銷者令接
受各官賠償工費至搶工修程將衝決丈尺動用何項錢糧報部工完之日造冊題銷遲
至次年四月不題銷者如前賠償其歲修及別項大工動用何項錢糧於題估日一併聲

河南印刷局印

明

雍正二年覆准豫省修理工程河庫錢糧或有不敷於布政使司庫內撥解就近支給

雍正二年五月河南巡撫石文焯奏稱五月十一日接到發來條奏河工夫料二欵一查河南河工所需草束甚多俱派各縣辦運每草一斤開銷正項一釐再各縣採買價值以及運送脚費大約秫稭穀草一斤需費三四釐不等合計每縣一年辦草數次每次不下三十萬觔除正項外每運約賠五六百金統計一年約賠數千金承辦州縣先猶挪動庫銀再圖彌補今則正項隨徵隨解火耗亦解補虧空無項可挪不得不按派里民押令辦運此買草之一累也一查河工搶險搿隄築壩捲埽在在需人上司按府分派州縣州縣派之里民約計每邑派夫八九百名不等貧民在工力作露宿風餐每夫四名掘土方一塊定價一錢二分除節省外只給九分六釐計每名每日所得不過二分四釐一人赴工除起身路費鍬筐衣服州縣捐助外家中日食俱本地協助河工之需夫日衆里下之派累日深此派夫之一累也伏查豫省河工捲埽與護隄防風全賴秫稭穀草皆需車運民間所用四輪車止可運八九百觔最多不過千觔故用車甚多難以免偏不得不借民力

運送相沿已久臣到任後以運料一事累適民值備料防護秦家廠等處工程臣即發銀委員就近收買每秫楷百觔照時價給銀二錢民無運送之累及十里店等處漫口分頭堵築需料甚多因秋收豐稔秫楷穀草在在皆有每百觔時價不過一錢外加運費三四分不等委員自行收買毋許派累小民祇因需料數千萬之多附近俱已買完而堵築工程亟須上緊告竣始發價與開歸河懷四府屬之相近州縣辦買濟用即少借民力亦出於萬不得已時值豐收之際辦買物料源源濟用以是各處漫口得於數月之內相繼堵築完工目下惟歲修搶修需用物料無多當此豐年就近預先收買不須運送更無累民之處至於做工夫役豫省向例皆按地應夫與修大工各縣按濟每夫日給工食外里民尚有幫貼因本省並無應募之人也今加幫兩岸隄工估計土方銀四十九萬有奇沿河各縣皆有隄工每土一方向例定價銀一錢二分除加一節省并行硪澆水做邊等費外實給銀九分六釐江南每日二人做土一方每人約得銀五分乃豫省之人習懶不肯力作每日三四人方能做土一方故所得之價比江南較少若變通其法按夫日給工價夫役甚衆難以稽查督率勢必乘間偷安以致遲延糜費不得不仍照舊例按方給價此里

河南印刷局印

下所以有幫貼食用之事也臣已與嵇曾筠田文鏡共商召募力作之人給以估價但沿河各州縣在在興修所僱之夫百不及一惟有一面盡力雇募一面仍用里夫俟漸募漸多則里夫自可漸省矣

雍正二年五月河南布政使田文鏡奏稱雍正二年五月十三日撫臣石文焯傳臣至署捧出硃批諭旨臣跪讀之下慚悚無地伏查河工所需草束人夫臣於本年三月內赴任路由工所隨留心逐細察訪知每草稭一觔原議開銷正項銀一釐祇因從前年歲歉收草價昂貴加之運脚每斤實至三四釐之費迨至去秋收成大有每斤止費至二釐許今歲百姓多有自運到工所售賣者每斤草價仍止二釐此連運脚均在其內值今二麥豐收秋成可望每觔一釐儘可買備而輓運轉輸自不得不稍借民力條奏內所陳每縣一年統計約賠數千金承辦州縣先猶挪動庫銀再圖彌補今則正項隨征隨解火耗亦解補虧空無項可挪不得不按派里民押令辦運等因臣查先前草束檄發附近各州縣採買州縣轉發里民辦運已經數載並非因火耗起解而始令里民辦買亦非通省百姓均有派運之事蓋緣草束秫稭俱係產自民間既將銀兩發與州縣承辦州縣勢必散之里

下豈有舍現在物料而另向他處購求者乎又查河工夫役工價原估乾土每方一錢二分扣存加一節省暨夯硪繂縴等項共銀二分四釐外每方應領銀九分六釐又原估水工每方一錢六分扣存加一節省暨夯硪繂縴等項共銀三分二釐外每方應領銀一錢二分八釐至於需用人夫分派附近州縣州縣按照百姓地畝或頃半或二頃出夫一名論方做工正與紳衿里民一例當差之例符合臣訪聞南河每土一方工半可以做就每日每名可得工銀五六分竟有謀之而不能遽得者其如豫省之民向稱懶惰偷安且不諳做法以致每方竟有做至四五工者其工價之多寡皆由勤惰而分則又非州縣派撥之過也況做工者俱係地多之戶不能親自赴工即僱覓貧民代往除工價之外尚有幫貼是無地貧民正可藉此以資衣食原非苦累之事且豫省隄工從前俱係里民自行修築連年以來不惜數百萬金錢興工築隄下埽堵塞特設副總河以專其任又設河員弁目分理其事遂使黃童白叟共享昇平之福而富民貧戶均各保其土地全其家室是雖有運送草束之勞亦屬分所當然況古來國家凡有工役差徭勤煩民力我朝百姓除完正項錢糧之外毫無一事較之往古勞逸不啻天淵相隔目下因興大工兼之伏秋在即

河南印刷局印

難於僱覔如此之多因而責之州縣領帑給發暫撥一時若至隄成工竣而地方百姓即貽子孫千百年無窮之利是名雖爲國所以爲民豈可遽謂之累也　按田疏較石疏尤詳故並錄

雍正二年五月副總河兵部侍郎嵇曾筠奏稱雍正二年五月十七日撫臣石文焯差齎欽奉硃批條議辦料募夫奏摺諭旨有人奏此一二事覽之不勝駭異朕如此推心置腹任用爾等凡有累民之舉槩令據實入告而爾等竟若罔聞政令乖方一至於此朕惟仰天淚下亦無言可諭爾等也石文焯嵇曾筠田文鏡同看欽此臣伏查豫省河工料物向例每觔給價一釐大半車運交工不比江南有官造浚船河兵撐駕之便所給料價未免不敷祇緣奏銷漕規遵行已久臣初到工不敢遽更成例每見各屬採運艱難是以上年於預備料物奏摺內請量給車價以資運送現今各州縣承辦歲搶修料物即於本境採買運送猶爲省力惟武陟中牟二縣工程需料較多臣會同撫臣細加商酌若盡於鄰邑附近購辦恐滋擾累故一面委員照時價自行採買按地遠近量給車脚無致派累里民復思柳多可以省料現在官柳次第採取並飭沿隄審種以備將來之需又購覔山柴

荻草以代秫稭非若從前辦料專責成於州縣也臣謹仰體聖懷悉心籌畫以紓民力嗣後辦料總在價賤時委員多購設廠堆貯況目下二麥豐登雨澤均霑將來秋禾成熟沿河州縣料物自可早辦無庸取給他境而里民辦運之弊不禁自除矣再查上年漫口工程緊急用夫衆多不得不賴鄰邑協濟今加幫大隄各州縣祇用本境人夫臣已諄飭印河各縣槩行召募不得攤派里下內有汛長工險之處所募夫役無多汛水將至必資里夫搶築有出之家倘竟充應除所挑之方價領去外仍要田戶按日幫貼查應募之夫自食其力不憚勤勞每日二名可挑土一方里下之夫強弱不齊希圖幫貼每日四名始挑土一方人數既多則方價自覺其少臣請嗣後凡用夫役總以僱募爲準如工程險要不得已按地起夫務擇年力精壯之人與其人多而力惰毋寧人少而力勤如此則幫貼之費鮮而修築亦易見功矣至土方因取土遠近分別估計有二錢四分一錢二分之不等除司庫照例扣存加一節省外該州縣領帑築隄有照方全給者有因係水方並節省銀兩悉行借給而工猶未完者有原係旱方先發九分六釐餘一分二釐爲行硪澆水做邊並雨淋塌卸修補殘缺之用者總緣千里長隄土性不同地形迥別自難一律

雍正二年十一月副總河兵部左侍郎嵇曾筠奏謹陳管見一查豫省修築隄工之定例每土一方給銀一錢二分內除加一節省外實給銀一錢零八釐臣恪遵定例批令管河道照數給發但細加採訪平易工程每方九分六釐可以敷用似應於扣存加一節省之外再扣加一節省留存河庫作正項支銷儻有難做之工及取土甚遠并買土搶險者責令管河道親加察核酌量加增庶帑項不致虛糜而工程亦免誤累矣一河工錢糧不比州縣黃流泛漲呼吸變遷有昔險今平今平忽險者有突遇危急所用銀兩浮於原估之數者亦有不及題估而急需趕做難緩時刻者事當倉猝勢如救焚不得不多用料物金錢移緩就急竭力搶護以保運道民生若執一而不變通則該管各官恐有賠累或致臨時畏縮貽誤非小臣愚以爲凡一切工程或有昔險今平者據實扣除或有今平忽險及水勢洶湧搶救銀兩浮於原估者據實題銷如有緊急險工難緩時刻者一面題估一面通融接應惟在臨時相機修防管河道嚴加察核毋許冒濫庶緊急工程不致坐失機宜矣（**硃批：該部議奏。兵部議覆：應如所請。**）

雍正二年十二月河南巡撫田文鏡奏稱竊查豫省南北兩岸隄工仰蒙特發帑銀四十

九萬八千三百餘兩以資興築今據管河道陳世倕具奏每土一方除部議加一節省并
支給工價銀九分六釐外尚餘銀一分二釐通省合算應共該再扣加一銀四萬餘兩另
行題請以爲各工補修補築等項之用轉傳硃批諭旨命臣酌量或題或行等因欽此臣
遵即悉心諮訪原估乾土一方工價銀一錢二分除扣存加一節省應給銀一錢零八釐
今止給銀九分六釐者蓋因河工錢糧實與州縣不同水勢變遷事在呼吸有昔平而今
險者亦有昔險而今平者是無論通省之工程多有難易即一人承築之工亦各有平有
險在印河各官自不得不相度水勢之大小工程之難易截長補短隨時變通方克有濟
若膠執一定不特錢糧糜費抑且苦樂不均官民畏縮難免貽誤臣查平易之工每土一
方即給銀九分六釐或八分上下一應修邊打硪製辦繩索買土扉墊拖腳等項均可在
內如過昔平今險取土甚遠難做工程即給至一錢二三分外尚需夯硪鞣辮等物銀兩
至於水工一項有照原估一錢六分扣存加一節省再扣加一節省已敷所用者亦有帶
水泥土挑運路遠難做易塌之工竟有給至一錢七八分至二錢三四分不等者則是前
項再扣加一之銀原非甚爲部費而設也若夫奏銷各項錢糧在部胥不能枵腹辦事歷

來各省皆有發給飯食之陋例臣訪聞南河工程凡遇奏銷每開銷銀一兩支給部胥飯食銀自五分起至七分止今豫省此案大隄動用正項錢糧至四十九萬餘兩册籍繁多奏銷核算需時給發些須飯食亦似不可少缺茲臣逐細察訪查據兩岸隄工尚可再扣存銀二萬五千餘兩並令管河道陳世倕再將難易工程甄別案隄工有無一例節省并節省若干之處確查詳報一併具題所有此案隄工除原議加一節省銀兩應聽副總河臣嵇曾筠查有應行補修補築之工題請酌量通融支給仍飭管河道嚴加察核毋許冒濫庶難做工程不致偏累貽誤而帑項絲毫均得實用矣

雍正三年議准嗣後豫省修築平易隄工每土一方給銀九分六釐永爲定例其險工取土較遠者該道察覈酌增不得浮冒如不肖河官以近土作遠土捏飾冒銷者題參

雍正三年三月河南巡撫田文鏡奏稱雍正三年三月初一日接准部咨據副總河臣嵇曾筠具奏管河道陳世倕不發錢糧預備物料一案欽奉硃批諭旨該部嚴察議奏速行文與田文鏡動河南司庫錢糧五萬兩交與嵇曾筠速速相機料理佟鎮調補管河道陳世倕問田文鏡如可用調補南汝道如無可取發回交部嚴加議處隄岸少有疏虞將嵇

會筯亦議重處欽此轉奉到臣除遵即檄飭布政使楊文乾將司庫錢糧動撥銀五萬兩解交副總河臣嵇曾筠作速相機料理外臣伏查豫省今歲桃汛較之去年雖屬稍大隄工俱各平穏而加幫大隄工程合計已完九分之數其餘未完一分於四月初旬俱可告竣至於豫省歲搶修工程例由河臣於年内秋汛後勘查確估會同撫臣具題預辦料物貯工俟題准部覆至日動支司庫錢糧移交河道今雍正三年歲搶各工錢糧經副總河題請於司庫内先行撥銀五萬兩及時分發備料臣於雍正二年十月二十七日准副總河移咨到臣或飭令河道先於河庫銀内借支或將加幫大隄銀兩通融給發臣隨咨覆副總河令其轉飭河道先於河庫銀内查係何項可以借支酌量給發并檄飭陳世倕先行通融動支而陳世倕過於慎重不肯一起給發臣恐貽誤當經屢次面諭令其速發續據陳世倕册報於雍正二年冬間連前署道楊守知任内暨該道接任後共先發過歲搶修銀二萬二千六百六十七兩零又於雍正三年正月起至二月二十六日止共陸續發過本年歲搶修銀二萬三千五百五十六兩零其餘銀兩向例留爲夫工土方之用俟各屬開工之日再行發給等情到臣據此臣查此案應需銀兩已發過四萬六千二百二十

三兩有零矣至陳世倕招怨之處因伊前奏加幫陽武大隄等工加一節省之外不用部
費應再扣加一節省存貯道庫以備急需而從前印河各官做過工程銀兩並未扣存陳
世倕欲急於歸公完伊奏請之案將從前已發者嚴行嚴催因各屬未據解交將現在未
發銀兩竟行扣存以致沿河州縣紛紛具詳臣因此項銀兩只可催追不便扣除如徑行
扣除恐承築各官藉詞不敷貽誤工程關係重大隨經嚴行批飭并面諭該道令其如數
給發俟工完查明之日如有應追之項另行催追仍移咨副總河臣嵇曾筠轉飭并檄飭
布政使楊文乾嚴查在案而陳世倕又見前署道楊守知任內錢糧東挪西扯紛雜混亂
竟致無可交代業經臣批飭嚴查另揭參追陳世倕以爲前車之鑒亟欲徹底清釐絲毫
不肯苟且寬容大招衆怨此副總河嵇曾筠所以有道員掣肘偏執乖張之奏也
雍正三年五月副總河兵部左侍郎嵇曾筠奏稱竊臣因慎重錢糧細加採訪知平易工
程每土一方給銀九分六釐可以敷用前經奏明在案今於五月初二日接准部文欽奉
諭旨嗣後豫省工程每土一方給銀九分六釐以爲定例其離做險工取土甚遠者於估
計之時責令管河道親加查核酌量加增不得浮冒外但臣查從前雍正二年加幫隄工

雖據領帑陸續報完內有平易之工亦應追繳加二節省現在檄飭管河道逐細查勘分別難易凡有應扣加二節省之處嚴行扣追繳庫以清帑項

雍正五年二月諸王大學士會議得稽曾筠奏豫省大工以及搶修埽料秫稭俱係臨時濟急購運甚難每百觔實銷銀九分並穀草椿蔴萬難議減俱毋庸議外其歲修所用秫稭應如所請行令副總河於雍正五年承辦六年歲修其所用秫稭酌定足用數目務於八月內動支道庫銀兩給發各廳勒限十月內照額辦足責令管河道查驗如有限內不完將承辦之員參處俟工完之日將用過數目核實每百觔即照七分報銷又議建造堡房每座約銀三兩即於節省項內動支報銷

雍正五年覆准各河同知轉發各官承辦物料取具分辦人員照數領足價值印甘各結申送查核如無各結即將該同知侵扣短少之處參究分辦之官不能如數交完物料者一併題參分別治罪

雍正五年覆准豫省河工歲修所用秫稭定於八月內動道庫銀分給各廳限十月照額辦足仍令管河道查驗如限內不能辦完及有短少者指明題參工竣覈實每百觔以七

分報銷

雍正五年覆准嗣後豫省採買歲搶修物料廳汛各官互相秤收印官分辦者亦令廳官秤收取具並無短少印甘各結存案如有徇隱即將該廳汛官題參加倍治罪

雍正五年准覆豫省預備物料堆儲險工上游編立字號每堆以五萬斤爲率倘有黴爛虧空情弊即將該廳汛各官題參著落賠補

雍正五年議准開濬河道濬河之土四面各闊一丈高一尺爲一方給銀九分積高一丈爲一大方給銀九錢

雍正十年奏准總河所轄各廳所出河租漿歲若干官柳若干兵採草若干每歲造册報部

雍正十年議定豫省河工歲修稭料每垛重五萬觔每觔價銀九毫按畝派民自行交工

雍正十一年議准豫省上南河下南河上北河下北河黄河歸河沁河等七廳需用土方無論水旱每方價銀自八分一釐至二錢一分六釐杉木椿料圍圓一尺一寸至三尺每根價銀自一錢七分至七錢永爲定例

雍正十三年議准豫省河工每年搶修所有秫稭先期酌定敷用之數與歲修同時發帑於十一月內一同照數辦足運存工所價值亦照歲修之例每百斤以七分報銷永成定規

雍正十三年議准豫省需用楊椿上北上南二廳在洛陽濟源等縣採辦洛陽與濟源相對運至上北河廳屬原武汛以百五十里爲則陽武汛以二百里爲則封邱汛以二百五十里爲則運至上南河廳屬滎澤汛以百五十里爲則鄭州汛以二百里爲則陽武汛南岸隄工在中牟縣工段之內以二百五十里爲則下北下南二廳在鞏孟孟津等縣採辦孟津與孟縣斜對在洛陽縣之下運至下南二廳屬祥符汛以二百五十里爲則陳留汛以三百里爲則自陳留至蘭陽河道無多亦以三百里爲則儀封汛以三百五十里爲則沁河黃河歸河三廳在溫偃師等縣採辦偃師與溫縣相對在鞏孟之下運至沁河黃河二廳屬武陟汛以五十里爲則運至黃河廳滎澤汛北岸以百里爲則運至歸河廳屬考城汛以三百里爲則商邱汛以三百五十里爲則虞城汛以四百里爲則自四百里至五百里照加一腳價扣算以次遞減每根圍圓自一尺至五尺長自一丈三尺至五丈三尺

河南印刷局印

購辦在四百里者每根價銀六分至三兩四錢五分遞減至五十里者每根銀三分九釐至二兩三錢四分三釐五毫腳價在內

雍正十三年議准河工幫貼銀照淮徐等倉錢糧之例分作十分核算經徵州縣衛所等官初參欠不及一分者停升督催欠一分者罰俸六月欠二分者罰俸一年欠三分者降俸一級欠四分者降俸二級欠五分者降職一級欠六分者降職二級欠七分者降職三級欠八分者降職四級以上皆令戴罪征收停其升轉完日開復欠九分者皆革職經管督催之司道府直隸州知州欠不及一分者停升督催欠一分者罰俸三月欠二分者罰俸六月欠三分者罰俸一年欠四分者降俸一級欠五分者降俸二級欠六分者降職一級欠七分者降職二級欠八分者降職三級欠九分者降職四級以上皆令戴罪督催停其升轉完日開復欠十分者革職督撫欠不及一分者停升督催欠一分二分者罰俸三月欠三分者罰俸六月欠四分者罰俸一年欠五分者降俸一級欠六分者降俸二級欠七分者降職一級欠八分以上者降職二級以上皆令戴罪督催停其升轉完日開復署印官欠一分二分者罰俸三月欠三分四分者罰俸六月欠五分六分者罰俸九月欠七

分八分者罰俸一年欠九分十分者降一級調用欠不及一分者署印不及一月者免議
其被參後州縣衛所等官限一年內全完如不全完原欠不及一分者罰俸一年欠一分
二分者降三級調用欠三分四分者降四級調用欠五分六分者降五級調用欠七分八
分者革職經管督催之司道知府直隸州知州限一年半全完如不全完原欠不及一分
者罰俸一年欠一分二分者降三級調用欠三分四分者降四級調用欠五分六分者降
五級調用欠七分八分以上者革職督撫限二年全完如不全完原欠不及一分者罰俸
一年欠一分二分者降二級調用欠三分四分者降三級調用欠五分六分者降四級調
用欠七分八分者降五級調用欠九分十分者革職其接徵接催官均以到任之日爲始
接徵州縣衛所等官亦限一年接催布政使司道府直隸州知州亦限年半接催督撫亦
限二年如不能完照參照現在未完分數以初參例議處至帶徵積年拖欠之大小各官
限二年全完如不能全完皆依定例照職任處分如有徵解不前者該撫照例題參
雍正十三年十一月豫河防隄岸埽壩等項工程有關運道民生者定例皆動正項錢糧
乃各省竟有於田畝派捐者豈皆出自小民之願大都上司因節省錢糧起見授意屬員

河南印刷局印

爲粉飾之計相沿日久官吏藉端苛索民間所費必至數倍不特苦累民生亦於國計無補於乾隆元年爲始一槪革除仍嚴飭所屬官吏毋得私行征派以爲民困

乾隆元年奏准豫省原撥辦料銀一萬兩尙覺不敷應再撥銀二千兩一併採辦

乾隆元年奏准歲修搶修廂埽工程需用土方令於估銷册內據實造報不必入於埽料內銷算

乾隆元年正月奉上諭河南孟縣地方有小金隄一道捍禦黃河向係民築民修朕思民力不齊工料欠缺則修築多不堅固即使果能堅固而每歲攤派銀錢亦未免竭蹶著河東總河將此項隄工確實勘估委員承修其需用銀兩統於歲搶項下動支報銷毋得絲毫派累欽此隨經估修防風長五十丈歷年備料廂修至乾隆十九年河溜下移情形平穩總河白鍾山奏明停止動帑仍歸百姓自行修防

乾隆元年二月諭河南武陟縣木欒店沁河隄工關係居民廬舍每年定爲民夫修築以防水患里民按畝攤錢計二千四百餘兩頗爲地方之累若設立長夫三十名歲支工食銀三百六十兩即可省民間二千餘金之費著該部傳諭河南總河白鍾山照此辦理

其設立長夫應領工食即動豫省存公銀兩不得絲毫累民永著為例

乾隆元年覆准豫省河工每年歲修搶修銀分儲庫內遇有險工詳明動支

乾隆元年議准嗣後豫省北岸黃歲河修搶修等工需用各項錢糧並懷河營官兵俸餉銀該布政使司徑發河北道收支估修報銷文册照南河淮揚淮徐二道例徑送該督察核堡夫工食兵丁生息銀隸河北道所屬者就近解交將收支出入數目造册送核年終盤查

乾隆元年覆准河南省孟縣小金隄工程歲撥銀四千兩辦料供歲修搶修之用至十九年河溜下移情形平穩總河白鍾山奏明停止動帑仍歸百姓自行修防

乾隆元年議准豫省滚柳船六十二隻向撥河兵看守今河兵各歸本汛巡守應募長夫六十二名每名歲給銀八兩迎料之時加募水手滚船三名柳船五名每名日給銀五分

乾隆二年覆准河南省孟縣小金隄設檣埽夫四十名每名歲給銀十二兩遇閏加增一兩

乾隆二年定豫省歲修搶修之柴每觔價值概給九毫○按以前搶修九毫歲修六毫至

河南印刷局印

是經欽差條奏允行

乾隆三年議准豫省河工需用物料險要工程隨時交收其每年所備歲修搶修物料均於八月以前布政使司照額撥銀移解道庫該道於八月內給廳印各官分投採辦承辦之官務於十二月內全數交工備用遲誤者參劾嚴加議處

乾隆三年奏准豫省南北兩岸黃沁兩河歲修搶修工程每年豫撥銀七萬兩永爲定額

乾隆八年議准豫省山稍草每束重三十觔給價銀二分七厘蘆根每束重七觔價銀五釐四毫草每束重七觔僱夫採割給刀工銀一毫六釐阬塘窪地所栽葦草每束重二十觔僱人採割並運送到工脚價共給刀工銀六釐

乾隆十年覆准河南每年協濟江南河工銀停止撥解留充本省河工之用

乾隆十二年議准自乾隆七年起新舊編紮木龍用過木植工料銀照各廳每年報銷歲修搶修工程之例核明實用數目按年按工造册估銷

乾隆二十年議准嗣後如遇偏災蠲緩將河工歲夫銀兩一例扣緩登除分數河銀考成案內摘實聲明具題查核其撥補蠲緩歲夫銀兩倘本邑應征錢糧不敷撥補准於司庫

地丁銀內撥給

乾隆二十三年諭豫省河工埽料於沿河州縣採買舊例每草十觔爲一束官價九釐乾隆四年因歲歉昂貴每束增銀五釐今豫省當積歉之餘採辦恐有不敷著仍照乾隆四年之例增銀五釐俾官民不致賠累

乾隆二十五年九月部覆總河張師載奏稱豫東黃河大隄堡房責令州縣官修理因循日久難免坍漏不堪居住者有之雖屢次嚴飭究因向無額定歲修銀兩延挨觀望難收實效請照東省運河堡房之例每座給歲修銀五錢等語應如所奏豫東黃河堡房准其自乾隆二十六年爲始照例每座給歲修銀五錢以資修葺所需銀兩准其在於藩庫存公耗羨銀內動支給發仍令該撫將每年動給銀兩數目於歲底造入存公冊內報明戶部查核仍令該管河道不時查看飭令州縣官修葺堅固入冊交代儻有坍漏傾圮不堪棲止者除責令賠修完固外仍照例查參議處并於每年年底將修過堡房座數支過銀兩報明戶工二部查核如有節省留爲下年之用

乾隆二十八年奏准歲修工程除與常年報銷銀數不相上下者照常辦理外該年需費

倍加應令該督撫將該年必需倍費情形專摺奏請

乾隆三十年六月工部奏准都水淸吏司案呈內閣抄出河南巡撫阿思哈奏前事一摺乾隆三十年五月十八日奉硃批所奏是該部議奏欽此欽遵於本月二十一日抄出到部該臣等議得河南巡撫阿思哈奏稱竊照豫省逼近黃河河工物料例應沿河三十二州縣按地派買以資修防此係保護民生之事原屬分所應辦乃臣到任以來隨地諮訪皆以民間辦料爲累惟是地方官與河員各存意見恐出泛泛之論未敢輕信第念辦料爲河工要務歲所常有隨細加體察始知百姓於此實有苦累者深求其隱蓋在運料交料兩端所謂運料之累者業戶地畝多寡不同出料因之各異在大戶料多猶有力能自運者若零星小戶出料有限離工路遠必須僱車裝載人工飯食牲口喂養沿途既須盤攪到次又有守候在在多費賠業費時遂有一種無籍之人名曰料頭出而包辦講定料價運價幷一切使費層層折乾何啻數倍而百姓較之自行運交究爲省便以致甘心喫虧向年俱經屡禁無如別無良法奸民得志遂爾公行無忌臣思料頭既能就近買交民間何難照辦祇因業戶不齊誰肯秉公出頭即使肯辦有人保無侵蝕仍如料頭者臣愚

轉籌盡撥官爲倡導先行試辦動給司庫無礙公項於秋成後物料價平之時查明不能自運之戶選委佐雜幹員領銀就近採買代辦運交工所事畢確加核算除應給官價外不敷若干令各業戶繳解司庫歸款較之料頭包辦必然大減如果試行有效即飭各州縣每年愼選地方公正之人備領銀兩遵照章程督率辦理則運料之苦可以漸免臣現在督同司道府縣熟籌妥辦俟有就緒另行奏報所謂交料之累者河工收料堆貯日久難保不無折耗秤收未免稍高乃因此有加三四者甚有加七八者農民辛苦運來已經狼狽乃復重秤虛喝爲累滋深臣細詢河員與該司道再三講求始知多收實自有故緣每年秋汛河道總督赴豫防範約需三月所帶官弁兵役以及隨工道員以下不止一二百人每日米薪菜蔬燈燭鋪墊以及夫馬等項皆係管河之廳員伺應雖亦酌量發價工所地方偏小向無市賣多係廳員由他處買運常川伺候其隨從兵役各有規費相沿已久不知起自何年費用浩繁難以悉數河員賠墊既多不免浮收物料以圖抵補職此之故伏思廳員供應上司久奉例禁河臣身受重恩及監司大員斷無不知自愛惟家人兵役以及標弁人等罔識事體視爲成例任意需索不以爲怪正恐積流不止甚至有誤工

役帑之事所關甚鉅但積弊相沿非自今始合無仰懇特降諭旨嚴加飭禁不咎既往杜其將來俾河員得免供應之累無所藉口不致再有浮收偷或故違立予糾參重治其罪則交料之苦亦可永除吏治更得肅清豫省官民共沐皇仁於無既等因具奏前來查河工預辦料物以備修防自應官爲經理不誤工而亦不累民豫東二省河工物料先于乾隆三年據原任河東河道總督白鍾山會同河南山東巡撫奏稱每年預備歲搶修料物俱於八月內發給廳印各官分投採辦十二月內全數辦齊交工又管河廳官係收料物之員雖保其不暗加多收應派委附近不管河工之同知通判等官監收等因經臣部議覆准行在案嗣於乾隆二十九年據原任河東河道總督葉存仁請將豫東廳縣辦料交工責成道員查驗其每年派委丞倅監收之例應行停止等因奏准咨明臣部亦在案是豫東二省採辦物料并監收查驗各事宜久經議定章程原屬官爲經理至民間運交物料係地方各官自行按畝派買今據該撫體察民間運料實有苦累以至一種無籍之人出而承攬公行無忌自不可不籌代辦之法俾奸民不能漁利而貧民亦不致受累據奏稱請令官爲倡導先行試辦動給司庫無礙公項於秋成後物料價平之時查明不能自

運之戶選委佐雜幹員領銀就近採買代辦運交工所事畢確加核算除應給官價外不敷若干令各業戶繳解司庫歸款如果試行有效即飭各州縣每年愼選地方公正之人借領銀兩遵照章程督率辦理俟有就緒另行奏報等語應如所奏先行試辦仍俟試行有效體察民間果不致有受累之處議定章程再行據實奏聞至奏稱交料之累係每年河道總督赴豫防汛管河之廳員伺應雖亦酌量發價而隨從兵役各有規費賠墊既多不無浮收物料以圖抵補等語查河工監收物料奏定以十六兩準秤秤收至屬員供應上司屢奉嚴禁河臣因公防汛自應輕騎減從自給資斧不令屬員供應豈可令其浮收物料以爲彌補之地也亦應如該撫所奏行令河道總督凡有巡查公出將家人兵役標弁人等加意查察嚴加約束如有仍前需索將官弁立即參處家人兵役人等從重治罪并飭該管道員於查驗物料之時照依奏定準秤秤收倘各員仍暗地浮收察出立即糾參治罪恭俟命下臣部行文該督撫遵照可也奉旨依議欽此

乾隆三十年定准豫省河工歲料官爲代辦每斤幫給運脚銀一釐幫價於沿河三十二廳州縣按糧攤征運款嗣又改爲通省攤征

乾隆三十年議准各省建修一切工程動支各項存公銀兩數在千兩以上者照正項錢糧之例由該督撫具題請銷其用銀數百兩至數十兩不等者照舊例咨銷

乾隆三十年十二月河南巡撫阿思哈奏稱竊照豫省河工料物例應沿河州縣領帑按地派買緣工次遠近不等業戶大小不齊載運既屬艱難而工員又不無浮收之弊遂有料頭出而包辦重疊折乾何啻什倍民間深以爲累臣察知顛末設法剔釐隨經恭摺奏明借動閒款官爲試辦代買代交如運費不敷事竣核實征還等因仰蒙特恩允准臣即與該司道商酌借動司庫閒款銀兩於七八月間新料未登之際選委現任試用佐雜能員按照歷年應辦物料數目分赴附近出產地方照依時價公平採買預給現銀約定臨期收取絲毫不許剋扣賣料之民見價無短少無不踴躍願售并發十六兩官秤至十月內各工開廠臣又分委佐雜人員赴彼監同交兌惟恐仍有偏枯復委承倅大員來往督察各河員俱凜遵功令隨到隨收不敢稍有浮重而承辦之員得以隨時運交事半功倍今於十一月內業已全數交完隨查買價與額定之價不相上下惟盤運人工車腳等項費用並新料虛鬆例加折耗共計每秸料一觔除官價九毫外糧戶應貼運費錢一文除

五錢以上糧戶不派外其有銀糧一兩者止貼運費錢六十九文較之往年不及十分之一且又無需自辦坐享其逸欣喜逾常感戴皇仁歡聲徧地不數日間盡將貼費如數完納已飭解司歸款料物現經告竣比向年民辦又早月餘實已著有成效抑臣更有請者辦料爲百姓分內之事祇因運交滋累是以官爲代辦但恐行之日久民間忘其原委反視民事爲官事殊失代辦本意而河務緩急不常民辦舊規豈可遽諉應請嗣後每年酌借司庫閒款委員代民辦理悉照現行章程外仍令該地方公舉正直老成紳士隨同委員辦理俾知其故以示至公庶名實相副而豫中億萬生民咸沾聖德永永無旣矣

乾隆三十一年諭漫口需用工料自當按照工程確核估計以濟急需則鄰省辦運旣易爲力而事後亦不致豫費周章豈可多備少用令協濟省分徒費採買辦運若復將原料給還令其繳價歸款則一出一入耗損必多所有豫省停運工料除留該省修用外幷可酌撥山東河工儲爲來年之用如再有多餘仍著解運江省備工概不必給還民戶以示體恤閭閻之意嗣後凡有採買物料官用有餘者均照此辦理著爲令

乾隆三十九年諭漫工所用錢糧河工成例係准銷六分應賠四分此等應賠之項在道

府等廉俸較厚完繳尙易爲力至文員應佐以下及武職各員均屬俸薄力微若賠數過多完繳未免拮据著按例查明妥辦該部即遵諭行欽此遵旨議定嗣後遇有限岸保固限外陡被衝決查明該管各員實係防守謹慎並無疏虞懈弛者將用過錢糧除照例准銷十分之六外其餘應賠四分銀兩按其責任重輕酌定應賠多寡總分作十成計算河臣總理河務一切董率機宜是其專責應著賠二成督撫兼管河防責成綦重應著賠一成河道係專司河務大員修防乃其職守應著賠二成廳員駐紮河干工程錢糧皆所經手應著賠一成知府州縣均係地方正印官員例有協守之責應分賠二成參遊專司估計督率防護守備協辦工程應分賠一成半文武汛員駐工防守責亦難辭應分賠半成如無兼管督撫及額設參遊等官省分即將應賠銀兩在總河以下文武各官名下按照應賠成數分別攤賠

乾隆四十年諭嗣後河工歲報錢糧俱著次年全數查明於第三年正月開印後具題如有逾期該部即查明參奏

乾隆四十三年諭豫省儀封考城一帶黃河漫口奪溜被災較重朕心深爲軫惻現在要

工需用料物甚急雖今未被災之各州縣辦運但念昨秋今夏俱係歉收幸六月得雨後補種秋禾而七月內陰雨連綿收成又不免稍減若照定例給價購辦尚恐不敷著再加恩於所辦料物無論道路遠近於正價之外每百觔加價銀五分小民自必踴躍趨事可期迅速蕆工該撫務須督率所屬實力妥辦期民間均沾實惠毋使吏胥侵肥中飽副朕軫念窮黎之意

乾隆四十四年奏准豫省歲修搶修稭料蔴觔於例價之外分別加增稭每觔加銀一釐四毫蔴每觔加銀二分二釐

乾隆四十五年二月堵築儀封決口合龍共用帑銀五百餘萬兩奉諭此次漫工若照向例糜費工銀應著落在事大小官員賠補但此番辦理情形實非從前漫決可比阿桂等悉心經理亦不遺餘力所有用過工料銀兩俱著准其奏銷毋庸議賠惟決口究因平時防護不慎所致從前河臣姚立德撫臣徐績實難辭咎著阿桂查明伊二人任內所辦隄工歲修等項分別著落賠補以示懲儆

乾隆四十八年五月諭據李世傑奏豫省堵築青龍岡漫工及築隄浚渠歷次酌增夫料

價值銀九百四十五萬三千九百餘兩請分作三十年攤征以紓民力一摺豫省自辦理大工以來歷次部撥及動用司庫銀千餘萬兩無非爲百姓保護田廬輯寧家室所有採辦料物僱募人夫俱於例價之外寬裕給值俾小民踴躍趨事以期迅速蕆工其例價外酌增銀兩自應分年均攤帶征還款在百姓等依限輸將亦屬分內之事但此次爲數甚多而上次漫工案內又尚有攤征未完銀九十餘萬兩若按年帶征民力未免拮据朕自御極以來勤恤民依覃敷愷澤普免天下地丁錢糧者三普免各省漕糧者二不惜萬萬兩帑金俾閭閻共臻康阜又何靳此千餘萬庫項而令小民於每年正賦之外多此征輸耶況現在仰荷上天垂佑大工告蕆自應廣澤推仁與斯民咸慶盈寧所有該撫等所請分年攤征銀九百四十五萬三千九百二十餘兩以及上次攤征未完銀九十四萬五千餘兩俱著加恩普行豁免以仰答昊蒼嘉貺並示朕惠愛黎元爲民藏富至意

乾隆四十九年諭本年豫省睢州下汛二堡漫口築壩挑河工程現在奏報合龍但念夫料加價爲數自多分年攤扣民力究恐拮据方今部帑充盈朕爲捍衛民生起見從不靳惜帑金俾閭閻共享盈寧之福從前青龍岡加價銀兩既降旨寬免此次漫工所用加價

銀兩事同一律亦著加恩一體免征該撫出示曉諭咸使聞知以副惠愛黎元有加無已之至意

乾隆五十一年奏准豫省黃河大隄內外灘地招墾征租解交河庫以俾工用

乾隆五十三年覆准豫省新建兵堡三年後每年每座歲修銀五錢載入夫堡歲修案內報部核銷

乾隆五十七年奉旨豫省河工幫價銀兩從前於通省地糧內一律攤征辦理即屬非是黃河遇有應辦工程在沿河各州縣均賴保障護衛田廬爲閭閻生計攸關如偶值工程緊要採買物料例價不敷不得不量爲幫貼於沿河州縣內按數攤征尚屬近理至與河隔遠全與河工無涉亦令一體均攤按之事理未爲允協所有此項攤征積久未完銀兩著悉心籌酌當仍攤歸沿河州縣爲是至河工採辦物料雖時值貴賤不齊然各省情形大概相仿即如江南山東均有河務俱須採辦物料並未聞有例價不敷加增攤派之事況河工偶遇險要鉅工或需用物料緊急價值較昂於例價之外稍有加增致須幫價尚爲情理所有若歲修則係每年常辦工程乃亦藉口物價昂貴輒議增添竟至作爲定額

年復一年伊於何底以小民之脂膏徒爲不肖官吏影射侵漁地步尤非朕軫恤民隱之
意此項歲修每年派議幫價起於何時所有該省初議幫價及歷任踵行各巡撫俱著該
部查明同此次奏請之巡撫一併嚴加議處
乾隆五十七年奉旨河南河工每歲幫價銀兩前經降旨概行停止此項河工歲需料物
固由各州縣採購交工而辦理工程開銷料物皆係河員經手尤應責成總河隨時稽察
務令實用實銷毋任承辦之員仍前冒濫而採買之各地方官亦當按照例價購辦不得
絲毫派累民間如河工地方官再有前項弊端則惟該總河巡撫是問決不稍爲寬貸

後記

我是從數學史學習中逐步瞭解治黄史的。漢代《許商算術》的作者許商，好天文術數之事的王景、李尋善，他們既是數學家，又以治理黄河而聞名。我國現存最早的河工著作《河防通議》，將中國古典數學天元術運用到治黄工程中，創造了中國古代工程數學的一個高峰。除了數學史之外，内蒙古師範大學科學技術史研究還以少數民族科技史和地方科技史見長。李迪先生曾指出地方科技史研究的重要内容是人與自然環境變遷、科技遺迹與自然環境以及環境與生産的關係，此類研究具有明顯的現實意義和重要價值。想要通過大科學史研究，弄清變遷的原因和未來的發展趨勢，産出對于地方各方面的開發有更大、更直接價值的成果，這類研究大多離不開文獻。之後，李迪先生更是直接指出科技史研究不僅是對過去的科技工作和科技成果的回顧與總結，而且要着眼于現代，讓古人的發明創造爲今人服務，繼續在現代發揮其應有的作用。我將先生大科學史的治學理念視爲座右銘，在科研工作中更加注重讓科研成果服務于國家戰略與區域發展需求。

二〇一九年九月，習近平總書記在黄河流域生態保護和高質量發展座談會上指出，黄河流域在我國經濟社會發展和生態安全方面具有十分重要的地位。黄河流域生態保護和高質量發展是重大國家戰略。同年十月，黨的十九届四中全會提出『加强邊疆治理，推進興邊富民』，首次把邊疆治理寫入黨的文件。内蒙古師範大學組織科研力量，積極申報研究闡釋黨的十九屆四中全會精神的國家社科基金重大項目，其中『中國特色社會主義民族區域自治制度自信研究』項目獲批。我承擔其中的『鑄牢中華民族共同體意識下的民族自治地方文化自信研究』子課題，而黄河是首選文化要素。二〇二四年，該項目順利結項，我也對黄河文化所蕴含的時代價值有了更深的體會。

有鑒于此，我帶領文化遺産智能應用服務中華民族共同體建設『英才興蒙』團隊，以黄河爲主題，開展了文獻、文物、傳統工藝等多模態資源庫建設和跨模態應用示範工作。這次與内蒙古人民出版社合作出版的《黄河國家治理文獻集成》，旨在梳理和總結文獻中所蕴含的歷史經驗和文化信息，爲當代及未來的黄河治理和地方文旅産業發展提供參考與借鑒。

感謝内蒙古民族文化産業研究院、巴彦淖爾市圖書館等单位的傾力相助，感謝内蒙古自治區黨委宣傳部、内蒙古出版集團、内蒙古人民出版社對本項目的支持與幫助。

在此，也向致力于黄河治理和大河安瀾的歷代先賢與當代典範表達崇高的敬意：你們的不懈努力與無私奉獻，爲黄河的安寧與人民的福祉築起了堅實的防綫；你們的智慧與勇氣，將永遠銘刻在中華民族的歷史豐碑上，激勵後人不斷前行。

董杰

二〇二五年一月